畜禽标准化养殖技术手册

浙江省畜牧农机发展中心　组编

肉鸡标准化养殖技术手册

钱利纯　叶莲芝　主编

浙江科学技术出版社

图书在版编目(CIP)数据

肉鸡标准化养殖技术手册/浙江省畜牧农机发展中心组编;钱利纯,叶莲芝主编. —杭州:浙江科学技术出版社,2020.9
(畜禽标准化养殖技术手册)
ISBN 978-7-5341-9143-5

Ⅰ. ①肉… Ⅱ. ①浙… ②钱… ③叶… Ⅲ. ①肉用鸡—饲养管理—标准化—技术手册 Ⅳ. ①S831.4-62

中国版本图书馆CIP数据核字(2020)第134888号

丛 书 名	畜禽标准化养殖技术手册
书 名	肉鸡标准化养殖技术手册
组 编	浙江省畜牧农机发展中心
主 编	钱利纯 叶莲芝

出版发行	**浙江科学技术出版社** 杭州市体育场路347号 邮政编码:310006 编辑部电话:0571-85152719 销售部电话:0571-85062597 网 址:www.zkpress.com E-mail:zkpress@zkpress.com
排 版	杭州大漠照排印刷有限公司
印 刷	浙江海虹彩色印务有限公司
经 销	全国各地新华书店

开 本	787×1092 1/16	**印 张**	7
字 数	145 000		
版 次	2020年9月第1版	**印 次**	2020年9月第1次印刷
书 号	ISBN 978-7-5341-9143-5	**定 价**	52.00元

策划编辑	詹 喜	**责任编辑**	赵雷霖
责任校对	李亚学	**责任美编**	金 晖
责任印务	叶文炀		

《肉鸡标准化养殖技术手册》

编写人员

主　　编　钱利纯　叶莲芝

编写人员　钱利纯　范京辉　侯艳彬　侯　涌
姚　磊　丁小青　叶莲芝

组　　编　浙江省畜牧农机发展中心

前言

畜牧业作为农业的一个重要组成部分，在国民经济中占有重要地位，事关农业增效、农民增收、经济提质。随着乡村振兴战略的顺利实施以及现代畜牧业的快速发展，畜禽养殖已经走上了规模化、标准化和产业化的道路，生产规模由小变大，畜禽活动范围由大变小，对饲养管理等技术的要求由低到高。但是，畜禽生产中规模化水平有待提高、畜禽粪污资源化利用率仍待提升、疫病防控形势依然严峻、畜产品质量安全存在隐患、畜禽福利关注不够等问题，仍然在一定程度上制约着浙江省乃至全国畜牧业的转型发展和绿色发展。

发展畜禽标准化规模养殖，是加快生产方式转变，建设现代畜牧业的重要内容。畜禽标准化生产，就是在场址布局、栏舍建设、生产设施配备、良种选择、投入品使用、卫生防疫、粪污处理利用等方面，严格执行法律法规和相关标准的规定，并按程序组织生产的过程。标准化畜禽养殖场，应按照"品种良种化、养殖设施化、生产规模化、防疫制度化、粪污处理无害化、监管常态化"的要求，大力推广安全、高效的饲料配制和科学饲养管理技术，制定实施行之有效的疫病防治规程，不断提高养殖水平和生产效率，切实保障畜产品的质量与安全。

编者结合多年生产和教学实践经验，并参考了大量国内外相关的最新资料，从实际、实用、实效出发，编著了《猪标准化养殖技术手册》《肉鸡标准化养殖技术手册》《鸭标准化养殖技术手册》《蜜蜂标准化养殖技术手册》等系列图书，旨在帮助广大畜牧生产者提高科技水平与经济效益。本系列图书立足浙江，面向全国，除阐述了基础理论知识外，还着重从畜禽饲养管理、疾病防治、废弃物无害化和减量化处理、农场动物福利等方面进行了介绍。

本系列图书语言通俗易懂、简明扼要，并配备了大量的图片，力求理论联系实际，使读者能更加直观地了解和掌握相关内容。内容翔实，具有较强的系统性、科学性、先进性和实用性，既可供有关生产、科研单位技术人员阅读参考，也适用于农业院校动物科学、动物医学等专业师生作教学参考。

在图书编写过程中，我们参考了《中国畜禽遗传资源志》和《浙江省畜禽遗传资源志》等相关著作，得到了省内众多养殖企业的大力支持，国家级地方鸡种基因库（浙江）提供了相关鸡种资料和图片，在此一并表示衷心感谢！

鉴于编者水平所限，书中难免存在不足之处，敬请读者批评指正。

编者

2020 年 5 月

目录

第一章　优良品种

自20世纪90年代开始，浙江省肉鸡主导品种由白羽肉鸡向黄羽肉鸡转变，后者饲养份额逐年扩大。黄羽肉鸡品种由从广东、广西等地引进向本地自主培育迈进，历时近10年。

第一节　品种分类

按种质来源，浙江省现有饲养的肉鸡可分为三种类型，包括地方品种、培育品种及引进品种。按生长速度与肉质性状，可分为快速型白羽肉鸡、优质型黄羽肉鸡两大类。按NY/T 33—2004《鸡饲养标准》，无论是地方品种，还是国内自主培育的肉鸡品种，均归入黄羽肉鸡。

1. 地方品种

浙江省内用于肉鸡生产的地方品种有仙居鸡、萧山鸡、江山白毛乌骨鸡、白耳黄鸡、灵昆鸡、龙游麻鸡、丝毛乌骨鸡等，其中仙居鸡、白耳黄鸡等属于肉蛋兼用型品种。这些品种在浙江省均设有保种鸡场，同时作为育种素材进行开发与利用，但目前商品化饲养数量较少。地方品种具有良好的环境适应性、特别的肉质与风味，适宜散养或放养。地方品种通常需要120天以上的饲养期。

2. 培育品种

培育品种是指以国内地方鸡种育成的培育系、配套系品种。经浙江省品种审定通过的黄羽肉鸡品种有仙居鸡肉用品系、“光大梅岭”土鸡配套系、宁海土鸡商用组合、绿牧草鸡WJX商用组合等。其中，“光大梅岭”土鸡和宁海土鸡两个品种已经取得国家级品种证书。培育品种的饲养期为75～150天，上市体重为1.5～2.5千克。近年还有肉蛋兼用型培育品种，主要用于生产土鸡蛋，在产蛋高峰后，母鸡作为优质鸡销售，上市日龄超过250天。

3. 引进品种

浙江省从国外引进的品种主要为快速型白羽肉鸡，如艾拔益加(AA+)、罗斯(Ross)、科宝(Cobb)等。快速型肉鸡的饲养期均低于49天，上市体重大于2.5千克，通常以分割鸡形式上市进行销售。

浙江省引入的黄羽肉鸡主要来源于广东、广西、江苏等地，目前主要养殖品种有广西麻鸡、广西三黄鸡、广东新兴矮脚黄鸡、广东天露黄鸡、江苏雪山草鸡、江苏雪山黄鸡等。上述黄羽肉鸡品种的饲养期为75～120天，上市体重为1.5～2.5千克，与浙江省内自主培育品种接近。

第二节 地方品种

浙江省优质鸡品种资源丰富，其原因在于以下三个方面：首先，江南历来经济富裕，对美味有着强烈的、持续的消费需求；其次，消费需求促使饲养、育种技术的不断积累与引进，从而形成丰富的品种，如我国最早的人工孵化相关专著，即出自300余年前的宁波地区；最后，特定的气候与环境条件有利于品种形成较明显的地域特色，并使之稳定繁衍。

浙江省主要地方品种均有原产地保种场。此外，还建有国家级地方鸡种基因库（图1－1），保存了我国著名地方鸡种30余个。

图1－1 国家级地方鸡种基因库（浙江杭州）

1. 仙居鸡

仙居鸡（图1－2）是优良蛋用鸡品种，因最早文字记录地为仙居县，故名“仙居鸡”。原种体形小，直立单冠；头小，颈细长，背部平直，尾羽高翘，周身羽毛紧密；胫、脚细，呈三棱形。成年公鸡羽毛为黄色或红色，体重约1.5千克；成年母鸡羽毛为黄色、黑色或少数花色，体重约1千克，年产蛋量188～211枚，蛋重41～46克。仙居鸡活动、觅食能力都很强。

历史上仙居鸡在浙江东南括苍山区，如临海、黄岩、三门、宁海等地均有分布。仙居鸡又名梅林鸡，可能跟宁海县梅林镇有关。梅林镇曾是象山海湾港口，仙居鸡由此向外输出。

图 1-2 仙居鸡

2. 萧山鸡

萧山鸡属大体形肉用鸡，原分布于杭州市萧山区沿钱塘江的围垦区域（俗称“沙乡、沙地”）。1970 年以前，杭嘉湖、绍兴等地均有饲养。成年公鸡体重 2 千克以上，单冠直立，喙粗短，羽色有红色、黄色两种，颈、背部羽色较深，胸、腹部羽色浅；成年母鸡体重 1.6 千克以上，单冠，以黄色羽为主，翼羽、尾羽黄色、黑色相间，少量个体颈部有黑色羽。萧山鸡胴体黄色，皮下脂肪较多，肉质好。公鸡经去势饲养至春节（线鸡），是当地的传统美味。萧山鸡性成熟需 180 天以上，母鸡就巢性强，年产蛋量不足 120 枚，蛋重 55～60 克。萧山鸡可追溯的文字记载仅百余年，与“越鸡”应属不同概念。萧山鸡原种如图 1-3 所示。

图 1-3 萧山鸡原种

3. 江山白毛乌骨鸡

江山白毛乌骨鸡（图 1-4）全身白色片羽，冠和肉髯呈深紫色，耳垂孔雀绿色，喙、舌、皮肤、脚等外观，肉、骨及内脏都呈黑色，肉质鲜嫩、胶质多。成年公鸡体重 1.8～2.2 千克，母鸡1.4～1.8千克。年产蛋期150天以上，产蛋量110～130枚，蛋重约50克。

图1-4　江山白毛乌骨鸡

4. 白耳黄鸡

白耳黄鸡(图1-5)，原产地为江西上饶地区、浙江江山市，为早熟蛋用鸡。成年公鸡和母鸡体重分别约为1.5千克和1.2千克。羽色较多，“三黄”(黄羽、黄脚、黄喙)特征典型，以耳垂色若银、形如桃花瓣而出名。公鸡、母鸡单冠直立，无胫羽。早期生长快，性成熟较早，开产日龄为140天。年产蛋量大于120枚，蛋重约55克。白耳黄鸡适应性强，成年鸡的屠宰率较高，屠体较丰满，肉质较好。

图1-5　白耳黄鸡

5. 灵昆鸡

灵昆鸡(图1-6)属肉蛋兼用型品种，原产于浙江温州地区。灵昆鸡是浙江本地鸡与福建莆田鸡、上海浦东鸡相继杂交培育而成。“三黄”特征明显，成年公鸡体重2.0千克以上。母鸡150天后开产，体重约1.5千克，年产蛋量大于130枚，蛋重50～55克。

图 1-6　灵昆鸡

6. 丝毛乌骨鸡

丝毛乌骨鸡(图 1-7),原产地为江西省泰和县。丝毛乌骨鸡原种,成年公鸡体重 1.4～1.8 千克,成年母鸡体重 1.2～1.4 千克,年产蛋量 80～100 枚。经过选育,现在浙江省温岭、玉环等地饲养的乌骨鸡,其生长速度、成年体重、产蛋率等性能指标已有明显的提升。据测定,成年公鸡体重 2.8～3.1 千克、母鸡 1.8～2.1 千克。母鸡 23 周龄开产,体重约1.2 千克,68 周龄饲养日产蛋量大于 150 枚。

图 1-7　丝毛乌骨鸡

第三节　培育品种(配套系)

浙江省企业自主培育并通过审定的品种(见《浙江省农业厅关于公布浙江省家禽新审定品种的通知》,浙农专发〔2006〕60 号)包括"光大梅岭"土鸡配套系、宁海土鸡商用组合、绿牧草鸡 WJX 商用组合和仙居鸡肉用系等。其中,宁海黄鸡和光大梅黄 1 号配套组合近年已取得国家新品种证书。

1. 光大梅岭系列土鸡

（1）光大梅黄1号肉鸡配套系。

光大梅黄1号肉鸡配套系属中速型优质鸡，舍养或放养均可，生长速度适中，肉质优异。图1－8和图1－9分别为光大梅黄1号肉鸡配套系父母代种鸡和商品代群体。光大梅黄1号肉鸡配套系父母代生产性能见表1－1。光大梅黄1号肉鸡配套系商品代的主要生产性能见表1－2。

图1－8 光大梅黄1号肉鸡配套系父母代

图1－9 光大梅黄1号肉鸡配套系商品代群体

表1－1 光大梅黄1号肉鸡配套系父母代生产性能

指 标	生产性能
开产周龄/周	22～23
开产体重/克	1400～1450
产蛋高峰周龄/周	29～30
高峰期周产蛋率/％	84
高峰期平均耗料量/克	93
68周入舍母鸡产蛋数/枚	180

表 1－2　光大梅黄 1 号肉鸡配套系商品代生产性能

性别	日龄/天	体重/克	料重比	备注
公	77	1750	2.60	舍养
	85	1950	2.75	放养
母	85	1500	3.10	舍养
	100	1600	3.25	放养

（2）光大梅黄 3 号肉鸡配套系。

光大梅黄 3 号肉鸡配套系属中快速优质鸡，以舍养为主，生长速度较快，肉质优良。图 1－10、图 1－11 分别为光大梅黄 3 号肉鸡配套系父母代种鸡、商品代群体。光大梅黄 3 号肉鸡配套系父母代生产性能见表 1－3，商品代生产性能见表 1－4。

图 1－10　光大梅黄 3 号肉鸡配套系父母代

图 1－11　光大梅黄 3 号肉鸡配套系商品代群体

表 1－3　光大梅黄 3 号肉鸡配套系父母代生产性能

指　标	生产性能
开产周龄/周	24
开产体重/克	2050
产蛋高峰周龄/周	29～30
高峰期周产蛋率/%	82
高峰期平均耗料量/克	120
68 周入舍母鸡产蛋数/枚	185

表 1－4　光大梅黄 3 号肉鸡配套系商品代生产性能

性别	日龄/天	体重/克	料重比
公	65	2050	2.20
	75	2350	2.30
母	75	1850	2.40
	85	2300	2.60

（3）光大梅岭 1 号肉鸡配套系。

光大梅岭 1 号肉鸡配套系父母代种鸡，头小，黄喙，单冠，肉垂发达、红艳；颈羽黄色，部分小黑麻，颈细，长中等；躯体方形略长，黄羽，主翼羽黑色，胸宽中等，尾羽黄色，大镰羽黑色；胫横截面呈三角形，胫黄色，胫长中等。105 日龄公鸡体重约 2.0 千克，母鸡 1.4～1.5千克，料重比 3.3～3.4。成活率在 97%以上。公鸡、母鸡半净膛率为 80%～82%，屠体品质及肉质优良。图 1－12、图 1－13 分别为光大梅岭 1 号肉鸡配套系父母代种鸡、商品代群体。

图 1－12　光大梅岭 1 号肉鸡配套系父母代

图 1－13　光大梅岭 1 号肉鸡配套系商品代群体

光大梅岭 1 号肉鸡配套系商品代属优质型慢速鸡，放养或半放养均可，肉质优异。父母代主要生产性能见表 1－5，商品代生产性能见表 1－6。

表 1-5 光大梅岭 1 号肉鸡配套系父母代生产性能

指 标	生产性能
开产周龄/周	22～23
开产体重/克	1250～1300
产蛋高峰周龄/周	28～29
高峰期周产蛋率/%	80
高峰期平均耗料量/克	85
68 周入舍母鸡产蛋数/枚	176

表 1-6 光大梅岭 1 号肉鸡配套系商品代生产性能

性别	日龄/天	体重/克	料重比	备注
公	85	1350	2.90	舍养
	100	1700	3.20	放养
母	100	1400	3.40	舍养
	120	1600	3.60	放养

(4) 光大梅麻 1 号肉鸡配套系。

光大梅麻 1 号肉鸡配套系属特优质型土鸡，以放养为主，鸡味浓郁，肉质优异。图 1-14 为光大梅麻 1 号肉鸡配套系父母代种鸡。光大梅麻 1 号肉鸡配套系商品代生产性能见表1-7。

图 1-14 光大梅麻 1 号肉鸡配套系父母代

表 1-7 光大梅麻 1 号肉鸡配套系商品代生产性能

性别	日龄/天	体重/克	料重比
公	120	1500	3.50
母	150	1250	3.70

(5) 光大绿壳蛋鸡配套系。

光大绿壳蛋鸡配套系为新培育品种。商品代为黑麻羽、乌脚，适合庭院放养，绿壳蛋比例高于95%。产蛋后的老母鸡肉质优良，口感接近土鸡。图1-15为商品代绿壳蛋鸡与绿壳鸡蛋。

图1-15 光大绿壳蛋鸡与绿壳鸡蛋

2. 仙居鸡肉用系商品鸡

仙居鸡肉用系商品代公鸡羽毛色泽较深，颈、尾呈红黑色，母鸡全身黄色，略带褐色。体态紧凑，背平直，双翅紧贴。公鸡适宜出栏日龄为77～84天，母鸡为84～91天；84日龄公鸡、母鸡体重分别为1.3～1.5千克、1.2～1.4千克；公鸡屠宰率为89.2%，母鸡为89.0%；公鸡全净膛率为66.0%，母鸡为65.2%。皮薄骨细，皮下脂肪适中，肉质鲜嫩。饲养期成活率达94%以上，料重比为3.1～3.3。图1-16为仙居鸡肉用系商品代母鸡群体。

图1-16 仙居鸡肉用系商品代母鸡群体

3. 宁海土鸡商用组合

（1）宁海土鸡Ⅰ号商用组合。

宁海土鸡Ⅰ号商用组合父母代如图 1－17 所示。公鸡体态匀称；头大小适中，黄色喙短，冠红且直立，6～8 个冠齿均匀分布，肉垂红大；颈细短，羽色金黄有光泽；背腰平直，胸宽浑圆；毛色红亮，主翼羽微黑色，镰羽以黑色居多；胫黄，细。母鸡颈细短，羽色金黄；背腰平直，胸宽，躯体圆润；背羽芦黄色，主翼羽橘黄色，尾羽黑黄色；胫细，金黄色。95 日龄公鸡体重约 1.3 千克，母鸡 1.1～1.2 千克，料重比 3.7，成活率为 97％以上。公鸡、母鸡平均屠宰率为 90％左右，半净膛率为 80％～82％，屠体品质及肉质优良。

图 1－17 宁海土鸡Ⅰ号商用组合父母代

（2）宁海土鸡Ⅱ号商用组合。

公鸡头方小，喙黄，冠齿 6～9 个，肉垂肥厚；背部宽平，形如“元宝”；羽色红黄、光亮。主翼羽以红色为主，尾羽以黑色为主；胫黄，细短。母鸡头小，黄色喙短，冠艳红且直立，肉垂明显；颈粗短适中，羽色金黄；胸宽饱满；背羽金黄色，翼羽棕黄色；胫黄，细短。95 日龄公鸡体重1.3～1.4 千克，母鸡约 1.2 千克，料重比 3.5，成活率在 95％以上。公鸡、母鸡屠宰率为 90％～91％，半净膛率为 81％～82％，屠体品质及肉质优良。宁海土鸡Ⅱ号商用组合父母代如图 1－18 所示。

图 1－18 宁海土鸡Ⅱ号商用组合父母代

4. 绿牧草鸡 WJX 商用组合

绿牧草 WJX 鸡商用组合具有“三黄”典型特征，体态匀称紧凑，体形适中，背平直，尾羽高翅，侧面呈“元宝”状。羽毛呈黄色或微黄褐色。公鸡羽色鲜艳，色泽较深；母鸡毛色一致，小巧清秀。觅食能力和抗逆性能强，生长速度较快。雏鸡出壳重 32 克，84 日龄公鸡体重 1.2～1.3 千克，80 日龄母鸡体重 1.0～1.1 千克，料重比 3.2～3.3，成活率在 95%以上。此种鸡皮薄骨细，皮下脂肪沉积适度，肉质鲜嫩。图 1－19、图 1－20 分别为绿牧草鸡 WJX 商用组合父母代、商品代。

图 1－19　绿牧草鸡 WJX 商用组合父母代

图 1－20　绿牧草鸡 WJX 商用组合商品代

第四节　引进品种

近年来，引入浙江的黄羽肉鸡以中速型的饲养量最多。引进品种的生产性能数据，多源自国家新品种证书资料。

1. 雪山草鸡

雪山草鸡商品鸡体形中等，胫、趾青色；公鸡红背黑尾，母鸡麻羽；早熟性能、环境适应能力、抗病能力均优良，肉质好；生产成本低，市场接受度高，效益好。公鸡84～90天上市，体重1.4～1.5千克，料重比2.8；母鸡120天上市，体重1.3～1.4千克，料重比3.5。雪山草鸡商品鸡群体如图1-21所示。

图1-21 雪山草鸡群体

2. 天露黄鸡

天露黄鸡于2013年取得国家新品种证书。商品鸡具有典型的“三黄”特征与优良的早熟性能；直立单冠，冠大鲜红；体形较圆，羽毛较紧凑，尾短能收，收毛早，脚较细矮。生产性能均匀一致，饲料转化能力较强，抗逆性强。其外观、肉质都能较好满足当前多元化的肉鸡消费市场需求。

天露黄鸡父母代成年公鸡体重为2.5～2.9千克，母鸡1.4～1.8千克。母鸡开产日龄为151～161天，开产体重为1.2～1.3千克，66周龄饲养日产蛋量为165～174枚，具有体形小、节省饲料、繁殖率高等优势。

商品鸡在公母分群、全程舍饲的条件下，公鸡84日龄上市，体重1.5～1.6千克，料重比2.9～3.0；母鸡105日龄上市，体重1.4～1.5千克，料重比3.5～3.6。

3. 新兴黄鸡

新兴黄鸡Ⅱ号，“三黄”特征明显，体形团圆，颈羽、鞍羽、主翼羽、尾羽处有少量黑色羽。60日龄公鸡体重约1.5千克，料重比2.1；72日龄母鸡体重约1.5千克，料重比3.0。新兴黄鸡Ⅱ号商品代群体如图1-22所示。

图 1－22　新兴黄鸡Ⅱ号商品代群体

新兴矮脚黄鸡配套系商品代公鸡胫长属于正常型，具有单冠、黄羽、胸宽、体形团圆、皮黄、胫黄特点。配套系商品代母鸡属于矮小型，具有明显的“三黄”特征，体形团圆。新兴矮脚黄鸡配套系商品代如图1－23所示。

图 1－23　新兴矮脚黄鸡配套系商品代

第二章 饲养条件

鸡场建设涉及整体、长远效益，规划正确与否对建成后的运转、生产管理和经济效益都将产生极大影响，必须全面考虑其地形地势、土质、水源、交通、电力、物资供应、土地利用率及与周围环境的相互影响等因素。鸡场选址、规划、设计与建设等过程遵循标准与规范，是实现肉鸡健康生产的坚实基础。在理想的场区小气候环境下，肉鸡生产性能、鸡群健康、产品质量、生产效益等指标均会得到明显改善。

第一节 鸡场环境

1. 场地独立完整，边界清晰可控

鸡场应建设于各级政府允许的养殖区域，符合相关法律法规及土地利用规划；与主要交通干线、居民点、工厂等相距500米以上，与其他畜禽养殖场、屠宰企业等间隔1000米以上；有足够的缓冲区域，可有效保护鸡场免受外界污染，也可消除鸡场对周边环境、居民的负面影响；地势较高不易积水，向阳背风，安静；符合NY/T 2666—2014《标准化养殖场 肉鸡》的要求。鸡场位置与周围环境的安全距离要求如图2-1所示。

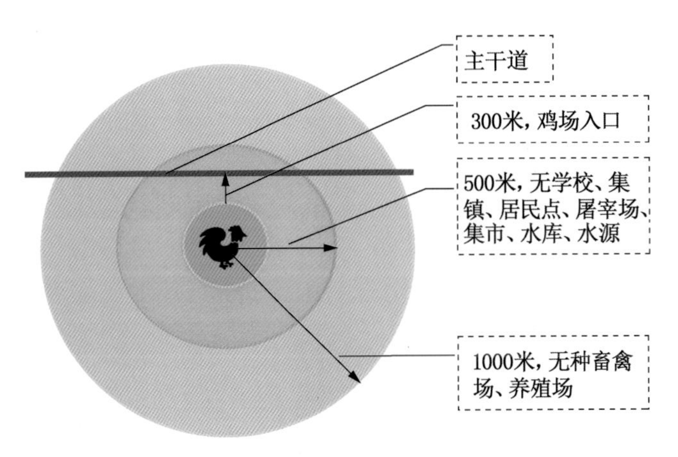

图2-1 鸡场位置与周围环境的安全要求示意图

图2-2 鸡场环境条件

场区面积按既定生产规模确定，并留有必要的产能发展空间，避免土地闲置浪费。

鸡场选址在主干道附近，有助于节约运输成本，但必须保持足够的距离。如图2-2所示，鸡场与主干道间建设连接道路，道路两侧无其他建筑。

2. 空气、土壤、水源等质量要求

鸡场空气环境质量应符合 NY/T 388—1999《畜禽场环境质量标准》要求。注意控制有害气体，特别是硫化氢、氨气等物质浓度。鸡场本身就是此类有害物质的生成地，所以选址时应注意自然通风和扩散条件。

鸡场小环境内的温度、湿度和采光等条件，对放养型肉鸡场更为重要。全封闭养殖或可控度较高的鸡场，要重点考虑测算环境调控的运营成本。鸡场的空气环境质量主要指标见表 2－1，氨气、硫化氢是鸡场中主要的有害气体，来源于鸡场自身或周边环境，受到鸡场所在区域的地形、地势、风向等因素影响，有害气体若不能有效扩散稀释，非常不利于肉鸡生产。

表 2－1　鸡场空气环境质量指标

项目	周边	场区	雏鸡舍	成年鸡舍
氨气/(毫克·米$^{-3}$)	2	5	10	15
硫化氢/(毫克·米$^{-3}$)	1	2	2	10
二氧化碳/(毫克·米$^{-3}$)	380	750	1500	1500

土壤对鸡场的建造成本有直接影响。场区土壤可选择砂土、黏土和沙壤土三种，以沙壤土最为理想。优质鸡的活动场地，应选择透水、透气性好、质地均匀、未受到传染病菌和寄生虫污染的土壤。

保证水源充足且洁净。鸡场供水必须满足以下三方面用途：一是鸡的饮用水，可按 0.3～0.5 升/只的最大存栏量测算；二是工作人员生活用水，可按 30～40 升/人测算；三是保证清洗、降温、消防等用水。夏季用水量一般比冬季增加 30%～50%。自来水是鸡场首选水源，自备水源如地表水、井水等用作饮用水，其质量必须符合饮用水卫生标准，主要指标为大肠杆菌数量低于 3 个/升，细菌数量低于 200 个/升，总硬度低于 500 毫克/升，溶解性总固体低于 2000 毫克/升，重金属铅、铬等含量达到四类地表水标准。水源不符合饮用水卫生标准时，必须经净化、消毒处理，达到标准后方能使用。

表 2－2 为鸡场生态环境质量指标，可作为鸡场选址、建设时的参考依据。

表 2－2　鸡场生态环境质量指标

	雏鸡舍	成年鸡舍
温度/℃	21～27	10～24
相对湿度/%	75	75
风速/(米·秒$^{-1}$)	0.5	0.8
光照强度/勒克斯	50	30
细菌/(个·米$^{-3}$)	25000	25000
噪声/分贝	60	80
粪便含水率/%	65～75	65～75

3. 环境的可持续性

环境的可持续性是指鸡场周边环境具有较好的稳定性，首先应确保有效的生物隔离，土壤、水质、空气等不受潜在原因污染，如放养型鸡场或农牧结合型鸡场，需确保土地的持续耕作对养殖无潜在影响。其次，选址时应估测周边土地的用途变化。

第二节　场区规划

按 NY/T 2666—2014《标准化养殖场 肉鸡》要求，肉鸡养殖场的单幢鸡舍养殖量应大于 5000 只，白羽肉鸡年出栏量超过 10 万只、黄羽肉鸡超过 5 万只；鸡场应设置舍区、场区和缓冲区。优质鸡饲养周期长，若单幢鸡舍过大，会与“全进全出制”管理要求相冲突；将一幢鸡舍分隔成数个单元，每单元以饲养 1500～2000 只为宜。采用小群体、多批次饲养工艺，同样可以实现设计、建设及运营的标准化。

一个标准化养殖场场区内完整的布局，应包括生活办公、生产辅助、养殖、隔离、无害化处理 5 个功能区域。各功能区域要依据所在地全年主风向、地形、地势、生产流程等要素进行优化布局，并应有清晰的界限分离，预留足够的空间。投入品、产品及废弃物等在各功能区内实现单向流动，尽可能做到无逆向、无交叉，如图 2－3 所示。

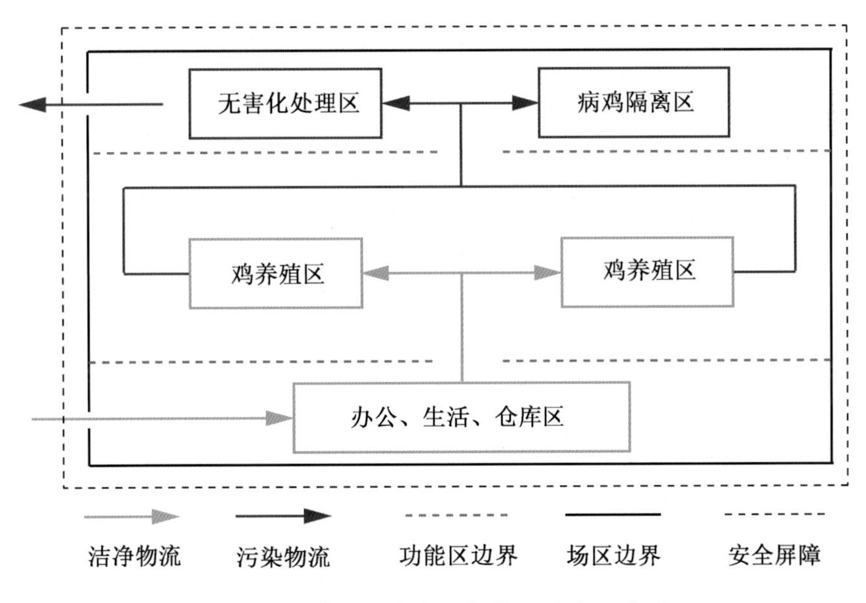

图 2－3　鸡场功能分区与物品流向示意图

鸡场入口应采用封闭式设计，分开车辆、人员出入通道，分设消毒池，如图 2－4 所示。

图 2－4　鸡场入口的有效隔离设施与消毒池

浙江省山区居多，土地资源紧缺，在平整土地上建设鸡场一般较少。在山地建设鸡场，通常依地形将各个功能区设计成点状分布，可充分利用山湾、林地等作为功能区之间的隔离与屏障，如图 2－5 所示。

图 2－5　规模化鸡场功能区分布与天然隔离

1. 生活办公区

生活办公区应具有鸡场工作人员办公场所，并配备基本生活设施。生活办公区应设置在整个鸡场的上风向位置，与外界需要有必要的隔离与缓冲，如绿化带、围墙、消毒池等。

2. 生产辅助区

生产辅助区要设立用具仓库、兽医室及药品库、饲料仓库及饲料加工间。生活办公区和生产辅助区，通常相邻建设或处于同一个区域，最靠近养殖场入口处。图 2－6 为养鸡场入口处分布图，不同的道路可通向不同的功能小区。

鸡场中生活办公区、生产辅助区，与外界联系频繁，极易造成疫病传播。在规划设计时，应确保生产辅助区与生产区之间要有清晰界限。

图 2-6　养鸡场入口处

3. 养殖区

肉鸡养殖区应按饲养品种及饲养工艺特点，合理分布育雏鸡舍、育成鸡舍。鸡舍以朝南较好，沿主干道一侧或双侧排列。鸡舍的间距通常为鸡舍高度的 3～5 倍时，即能满足防疫要求。

育雏鸡舍应靠近养殖区的大门，处于上风向或相对独立的位置。肉鸡中后期采用放养工艺，育成鸡舍须增设活动场地和觅食场地。鸡场的地形、地势受到限制时，鸡舍可以设计为点状分布。每幢鸡舍结合放养场地，设置一个独立的饲养功能区，如图2-7 所示。

图 2-7　肉鸡中后期放养场所

通常在地面平养方式下，每存栏 1 万只商品肉鸡，鸡舍建筑面积为 800～1000 平方米。按建筑系数 50%计算，需要土地 1500～2000 平方米。放养型鸡场还应增加活动场地，面积为建筑面积 2～3 倍。

考虑野鸟的疾病传播因素，养殖区内的空地通常只种植绿化草皮或低矮的农作物，不栽种高大树木。

4. 病鸡隔离区

动物隔离区处于下风向，用于疑似病鸡和待处理病鸡的暂养。与养殖区之间的距离应大于 100 米。尽可能做到与外界隔绝，设置单独的道路与出入口，四周有隔离屏障，如沟渠、围墙、栅栏等。

5. 无害化处理区

无害化处理区的主要功能为鸡粪的堆放与无害化处理。地点设置要兼顾鸡粪、处理后产物的运输，并与鸡舍间保持足够的距离。整个处理区内应做好地面防渗，四周设置污水沟与储存池。

大型鸡场应配备病死鸡处理设施。小型鸡场应及时将病死鸡送到指定地点集中焚烧或进行无害化处理。

图 2－8　鸡场入口处车辆消毒池与喷淋设施

6. 隔离消毒设施

在养殖场大门、生产辅助区与生活办公区之间，均应设置消毒室和消毒池。运输车消毒池长为通过的最大车辆轮胎周长的 1.5～2 倍，深度为 30～50 厘米。鸡场出口处设置同样的消毒池(图 2－8,图 2－9)。生产辅助区入口应设置洗澡更衣间，用于进出人员洗澡与更衣。每幢鸡舍入口设立小消毒池，如图 2－10 所示，或用小塑料盘代替。

图 2－9　鸡场污道出口与消毒池

图 2－10　鸡舍入口消毒池

7. 道路、电力与通信

道路不仅可以承担运输功能，满足正常生产需要，还可以起到有效隔离的作用。按运输物品不同，分设净道与污道，不可交叉或者混用。净道为投入品的输入通道，污道为废弃物、病死禽、出栏鸡的输出通道，如图 2－11 所示。养殖场要规划出合理的空间、生产流程路线，以防止交叉感染，为肉鸡生长创造适宜的环境。

图 2－11　净道（左）与污道（右）

养殖场供电变压器的功率，应满足场内最大用电负荷。机械化程度较高的养鸡场必须配置发电机。近年来，智能化养殖技术不断普及，通过智能传感器在线采集养殖场环境信息，集成改造现有的养殖场环境控制设备，实现畜禽养殖的智能生产与科学管理。这些技术均需通过网络传输得以实现，因此，新建养鸡场应注重通信基础设施的规划与设计。

8. 雨水收集处理

场区应设置独立的雨水、污水收集管线。生活污水、鸡舍冲洗水与鸡粪处理过程中产生的污水，都应通过污水管线集中进行处理。同时，根据地形、地势及降水量，规划建设雨水沟，确保雨水外排顺畅。图 2－12 为鸡舍周边雨水沟。

图 2－12　鸡舍周边雨水沟

第三节　鸡舍建造

鸡舍通常分为育雏鸡舍和育成鸡舍。鸡舍建造要满足以下基本要求：首先是使温度、湿度等控制在适宜的范围内，使鸡群充分发挥品种优势和生产潜力，实现最大经济效益；其次是实现工厂化安全生产与卫生防疫。

1. 育雏鸡舍

育雏鸡舍建造应符合 NY/T 682—2003《畜禽场场区设计技术规范》要求。地面和墙壁应便于清洗消毒，所以砖混结构建筑是理想的选择。水泥墙壁与地面能较好耐受酸碱消毒剂的腐蚀、火焰高温消毒。为达到密闭、保温的要求，“人”字形屋顶的檐口高度应在 2 米以上，并最好加装吊顶。

小规模育雏鸡舍，要具备采光、通风的功能，窗户面积应大于前后墙总面积的 1/2。目前在生产上较为常用的是网上离地平养和多层笼养两种育雏鸡舍（图 2－13）。网上离地平养育雏鸡舍采用传统的砖混结构房屋，多层笼养育雏鸡舍为轻钢结构，属半开放式鸡舍。育雏期饲养、保温、通风、换气等工作，全依靠人工操作，但只要做到工作细致，仍可以达到良好的育雏效果。育雏鸡舍面积可根据每次饲养数量计算，地面平养鸡舍每平方米能容纳 28 日龄雏鸡 12～18 只，网上离地平养鸡舍能增加 10%～20%饲养量。

一次性大批量育雏时采用轻钢材料的密闭式鸡舍，其设计和建设与蛋鸡育成鸡舍、产蛋鸡舍并无实质性区别。

在生产上，大批量“全进全出制”地面平养，育雏、育成在同一幢鸡舍，随着日龄的增加，舍内饲养区域会持续递增。

图 2－13　网上离地平养育雏鸡舍（左）和多层笼养育雏鸡舍（右）

2. 育成鸡舍

育成鸡舍不需加温，故要求可放宽。全程舍养鸡容量可按每平方米 12～14 只设计，应尽可能加大窗户面积，或采用卷帘设计，以确保足够的光照与通风量。放养鸡可采用全开放式鸡舍。受成本、政策限制，肉鸡育成鸡舍多采用简易大棚结构建造。

（1）大棚鸡舍。

肉鸡舍饲，单幢小型鸡舍的面积通常为 200～500 平方米，大型鸡舍为 800～1000 平方米。为降低投资成本，目前应用较多的是塑料大棚或彩钢大棚。小型鸡舍的宽为 6～8 米，长 20～50米，檐高 1.0～1.8 米，棚顶高 2.2～2.5 米。

大棚鸡舍一般由蔬菜大棚改造而成。材料为镀锌钢管、毛竹、彩钢瓦、尼龙布、稻草、遮阳网等。一般棚宽 10～15 米，棚体长 60～80 米，甚至超过 100 米，两侧檐高 1.8 米，棚顶高 3.5 米。棚顶覆盖双层塑料膜，中间填充稻草等隔热材料，或覆盖彩钢瓦。塑料大棚造价低，一般每 3 年需要对屋顶进行维修、翻盖；彩钢大棚可连续使用 5～6 年，但室内一侧金属易被氨气、消毒液等腐蚀生锈。大棚均可配备水帘纵向通风、热风炉保温、自动喂料系统和自动饮水线，作用与传统的砖混结构相似，但成本可以大幅降低。

大棚鸡舍内的环境条件如温度、湿度、通风、换气、光照等，经人工控制可以达到肉鸡生长发育所需条件。塑料薄膜具有良好的保温能力，通过薄膜启闭幅度调节换气量，可实现室内温度调控。

受政策限制，大棚鸡舍内地面一般不作硬化，所以鸡舍四周要设置排水沟，使地面尽可能干燥。在多雨季节，要加大鸡舍通风量，使棚内相对湿度低于 70%。

常见大棚鸡舍类型如图 2－14 所示。采用不同的覆盖物，达到肉鸡饲养保温、隔热要求。两侧通过卷帘、翻转等结构，可满足通风、换气与光照等需求。在大棚顶部，可加装换气风扇，提升大棚内空气对流效率。

图 2－14 常见大棚鸡舍

大棚鸡舍只适合于地面垫料平养方式，消毒工作不可能非常彻底。但从近年的养殖量、生产成绩发现，单个大棚一个批次养殖 1 万只以上中速型黄羽肉鸡是可行的，也是目前较为经济的养殖形式。

（2）轻钢结构鸡舍。

轻钢结构全部由冷弯薄壁钢构件组成，具有很强的耐用性。钢骨采用防腐镀锌型材料制造，可有效避免在施工、使用过程中的锈蚀，延长使用寿命。鸡舍由骨架、屋面、墙体三部分组成，宽度可达 15 米以上。所有材料都可在工厂中预先生产，现场组装，建设时间短、外形美观。屋顶采用聚苯彩钢板，具有良好的防寒、隔热效果，特别适合作为育雏鸡舍使用。新型保温夹芯墙板厚度仅为传统砖砌墙体的 1/3～1/2，可明显增加鸡舍使用面积。

轻钢结构的鸡舍，选材必须确保耐腐蚀性，所以造价较高，目前在种鸡、蛋鸡饲养上有较多的应用，在肉鸡饲养上应用仍较少。图 2－15 为轻钢结构全密闭式育雏鸡舍，育雏鸡笼采用全自动层叠式设备。

图 2－15　轻钢结构鸡舍

图 2－16　菱镁板鸡舍外观与内部构造

（3）菱镁板鸡舍。

菱镁材料是由轻烧氧化镁与氯化镁水溶液制成的一种新型胶凝材料。菱镁保温板是以改性菱镁水泥为基料，辅以必要的无机填料和有机填料制成，具有重量轻、强度高、隔音效果好、耐腐蚀等特点。菱镁保温板可制成鸡舍的骨架、墙体与屋面，通过拼装建成鸡舍。实际生产中，墙体采用菱镁保温板，舍顶采用彩钢保温板，两侧墙体为砖混结构的鸡舍最经济实用，该结构鸡舍坚固、造价较低，保温、隔热性能优越，便于清洗、消毒，基本可实现无卫生死角。

图 2－16 是以菱镁板为屋顶的简易鸡舍，菱镁板鸡舍在保温、隔热、消毒等方面优于大棚鸡舍，更适宜于饲养快速型肉鸡或中速型肉鸡。

第四节　放养活动场地

当放养活动场地仅要求满足肉鸡室外活动时，一般面积是鸡舍内面积的 2～3 倍。放养活动场地可同时作为喂料、饮水场地，需确保地面平整、不积水，易于清扫，场地四周要开挖排水渠，引流至污水池。更精细化管理的放养活动场地，上方用大棚覆盖，不仅有避雨功能，更重要的是可以减少养殖污水的产生。

放养活动场地用于饲养优质鸡或土鸡，应满足鸡群一定的觅食需求。通常以果园、草坡地、农闲田等作为放养场地，要求场地内无积水、无农药污染、无兽害，周边设置隔离围网，在靠近鸡舍处建设小型大棚，供喂料与饮水之用。放养场地承载鸡的数量，应同时考虑植物保护，据研究，1 亩林地养殖鸡的数量不应超过 200 只，最理想状态应控制在 50 只以下。

第五节　设施设备

1. 加温

(1) 育雏保温伞。

保温伞等加温设备，适用于小批量鸡育雏。保温伞内温度可以调节至育雏所需温度，并保持恒定。通常保温伞与热风炉、煤炉等配合使用，使育雏鸡舍内温度保持在 15℃以上。图 2－17 左侧是不可折叠式保温伞，外罩为铝合金，采用石英管加热，配有多个小风机，可预设温度与通风量，一次育雏量为 200～500 只。图 2－17 右侧为类似浴霸的红外线灯泡，增加热风循环功能，适用于笼养育雏时的局部升温。

图 2－17　育雏保温伞

(2) 热风供暖。

以煤、柴油等为燃料，将空气加热，用风机将热空气输送至育雏鸡舍。热风炉通常安装在室外，燃烧产生的废气由烟道排出。热风供暖方式通风量大，可实现室内全方位升温，且均匀度较好，但须控制好室内湿度。该方式适合多层立体笼方式育雏，以提高热源的使用效率。移动式热风炉，一般作为辅助热源使用，如图 2－18 所示，燃料是煤

图 2－18　移动式热风炉

或柴油。

(3) 热水供暖。

由锅炉加热产生热水，通过管道、散热片使整个鸡舍的温度达到需要值，结合微电脑控制，设置好温度后无须人工看管。还可增设电脑全程记录功能，便于查看。集约化育雏鸡舍在建设时地面预先铺设水管，能实现地热供热。热水加热是温度可控性最强、恒定性最强、热效率最高的加热方式，其缺点是燃料的成本高。图 2－19 为燃烧液化气的锅炉，产生适宜温度的热水，流向育雏鸡舍地面的加热水管。

图 2－19　热水供暖

2. 通风与降温

肉鸡以地面平养为主，在窗户面积足够大的前提下，自然通风即可满足鸡舍内空气的洁净度。在炎热的夏季，加大通风量有利于降低室温。通常，风机与湿帘结合使用，在密闭式鸡舍，风机与湿帘分别安装于鸡舍的两端，新鲜空气经过湿帘冷却后进入鸡舍。图 2－20 为密闭式鸡舍的风机，根据通风量要求，确定开启风机的数量。

图 2－20　风机及百叶窗

湿帘安装在风机的另一侧墙体或侧面墙，单幢鸡舍所需湿帘面积，由降温通风量、水分蒸发量等计算得出。如图 2－21 所示，左图为安装于鸡舍墙体的一组湿帘，水泵将蓄水池里的水引至湿帘顶部，从底部流出重新汇入蓄水池；右图为湿帘内侧的冷空气导流板，其作用是使冷空气风向朝上，避免过强的风速对附近的鸡群造成不良应激。

图 2－21　湿帘与室内导流板

在开放式鸡舍中，可采用冷风机降温。冷风机制冷的原理与湿帘相同，冷风机是将风机与湿帘制成了整机。如图 2－22 所示，冷风机可以移动使用，也可安装于鸡舍墙体，后者仅适用于长度较短的鸡舍。

图 2－22　冷风机

3. 喂料与喂水

小型鸡场的喂料与饮水用具，由饲料桶与普拉松饮水器组成，饲料须人工投放，仅饮水实现自动化。

规模化地面平养肉鸡自动化喂料线，通常采用弹簧绞龙驱动的管道供料。供料管道与室外料塔、室内地面斗式提升装置相连接，饲料经由管道输送至料盘，料盘上设有控制装置，用于调节料位的高低，以满足肉鸡从 1 周龄到上市全过程的采食需求，如图 2－23 所示。

图 2－23　自动化喂料线、饮水线

饮水线由水箱、过滤器、水压调节器、加药器、水管、乳头式饮水器等组成。目前采用较多的是球阀式乳头饮水器，具有结构简单、免维护、成本低等特点。乳头饮水器全方位出水，与传统的钟形饮水器相比，大幅降低了水污染风险，并且可节约饲养空间。饮水线上安装双向调压器，有调压和反冲洗 2 个入口。在供水时设定所需水压，与乳头工作压力相匹配，可保证供水充足、顺畅。清洗管线反冲时，水流不经过调压器，管道内压力加大，能有效消除管线内沉淀物。

室内整条饲料线、饮水线的高度能自由调节，可适应不同日龄肉鸡的理想高度，也便于出栏后鸡舍的清洗操作。

饮水线前端设施如图 2－24 所示，包括杂质过滤器、压力调节器、加药器等。压力调节器可调节水线压力，使乳头的漏水率降至最低。加药器可自动向饮水系统内加注水溶性添加剂与药物。该装置以水为动力，操作简便，可设定并控制饮水中添加药量的精确浓度。

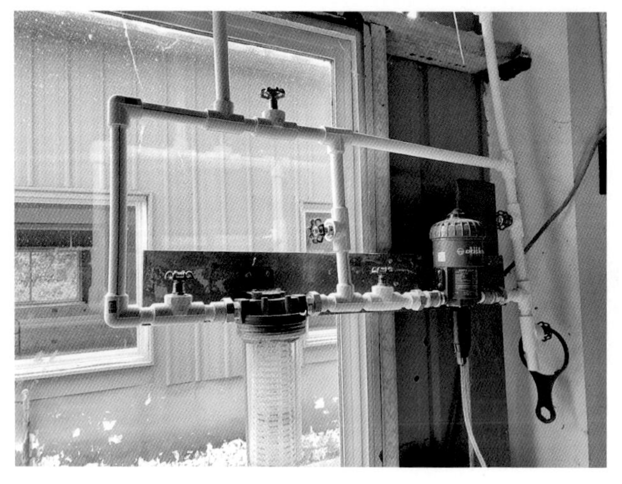

图 2－24　双向压力调节器与加药器（饮水线前端装置）

4. 消毒

喷雾系统能有效对鸡舍进行消毒，还具降温、加湿、除尘等功能。鸡舍内喷雾消毒采用可移动的消毒车，或安装喷雾管线。图 2－25 为各种不同类型的喷头，喷头的选择取决于雾滴细度与喷雾角度两方面要求。

鸡场消毒应用最多的是高压喷雾消毒车，也是鸡场必备用具，如图 2－26 所示。通过调节压力，可实现药液喷洒、冲洗、空气消毒、疫苗气雾免疫等。

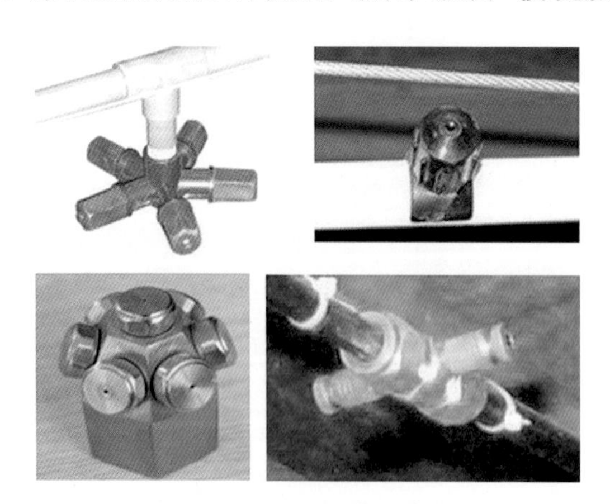

图 2－25　微细雾化喷头

图 2－26　移动式高压喷雾消毒车

5. 层叠式立体育雏笼

层叠式立体育雏笼可充分利用鸡舍空间，单位面积饲养量是地面平养的 2～3 倍。配备自动环境控制、投料、供水及清粪等系统，是现有养殖设备与技术的高度集成，实现育雏的专业化与自动化。图 2－27 为进雏前的立体育雏笼，图 2－28 为育雏笼正在使用中。

图 2－27　进雏前的立体育雏笼

图 2－28　育雏中的立体育雏笼

每层鸡笼底部安装一条鸡粪输送带，如图 2－29。整幢鸡舍的饮水线前端安装水压调节器、加药器等设施，每层鸡笼饮水线上安装压力调节器，如图 2－30 所示。

图 2－29　鸡粪输送带

图 2－30　饮水线前端装置

饲料先由螺旋管输送到室内储存仓，然后分配进入送料行车料斗，最后被均匀撒入料槽。投喂饲料量通过调节送料行车的工作频率进行控制，如图 2－31 所示。

图 2－31　自动喂料设施

鸡舍设有控制室，对鸡舍温度、湿度、氨气浓度、鸡群活动情况等进行实时数据采集与记录，并通过预先设定条件参数，实现自动控制加温、通风、采光等工作。

第三章　饲养管理

第一节　育雏期管理

育雏期是指小鸡需要借助供暖维持体温的生长初期，通常为0～4周龄。

1. 雏鸡质量

提供雏鸡的种禽场，必须具备种畜禽经营许可证、防疫合格证、种鸡引种证明等法律规定的文件。健康雏鸡活动能力强、反应灵敏、叫声响亮，脐部愈合、卵黄吸收状况良好，肛门清洁且无黏附物，喙、眼、腿、爪等部位无明显畸形。雏鸡体重、外貌符合品种特征，如图3－1所示。出雏后运抵养殖场，间隔不应超过36小时。

图3－1　健康1日龄雏鸡

运输途中应为雏鸡提供适宜条件。装车时，雏鸡箱之间应留出足够的缝隙，以保证通风、透气。行驶途中，要定期观察鸡的状态，如在夏季要避免温度过高、通风不畅的情况，以免造成脱水或窒息死亡；冬季要避免温度过低，以防雏鸡因拥挤、扎堆而死亡。

2. 育雏准备

对育雏鸡舍包括饮水、投料设备及用具进行深度清扫、冲洗与消毒。进雏前，鸡舍应空置2周以上。根据不同的育雏方式，备齐饲料、垫料、保温设施、疫苗等材料。提前1～2天，测试育雏鸡舍升温、保温性能。

3. 温度与湿度管理

育雏温度随雏鸡日龄的增加而降低。1～3 日龄，室温保持在 30～33℃；3 天后，每周下调 2～3℃，在 22～24℃时保持恒定。育雏初期，应定时检查室内温度计，确保室温适宜。也可通过观察鸡群动态，判定温度高低。温度过高时，鸡群远离热源，张嘴呼吸，两翅伏地；温度偏低时，鸡群紧靠热源出现扎堆现象如图 3－2 所示。温度过高或过低，雏鸡分布差异非常明显，当鸡群分布均匀、采食饮水正常时，如图 3－3 所示，说明温度控制良好。以红外灯、室内煤炉等为热源进行保温时，特别要注意室内温度的均衡性。必要时需安装小风扇，加速空气流动，保持舍内温度一致。用温度计测量灯下地面温度，以确定红外灯的悬挂高度。

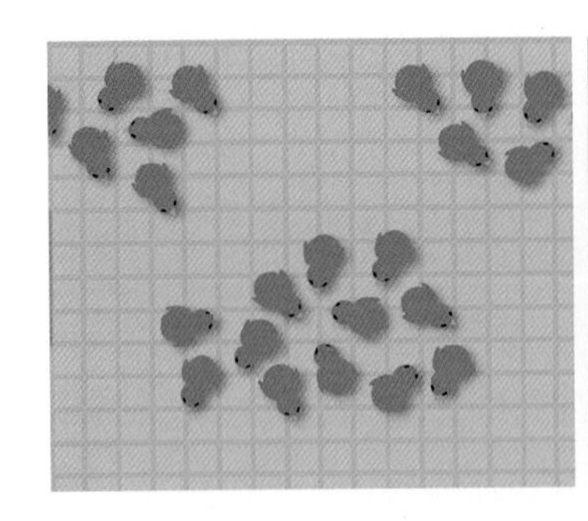
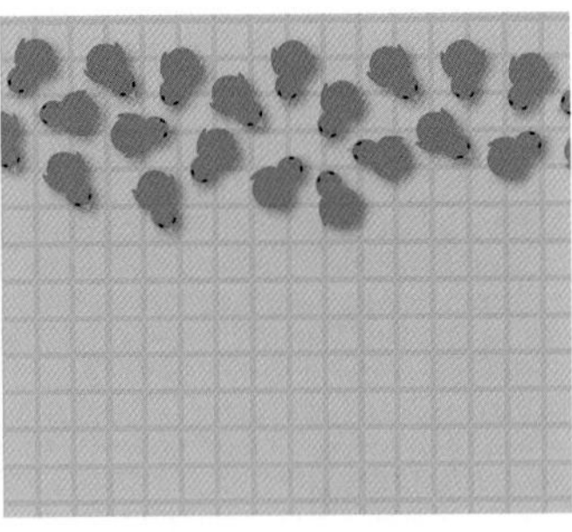

图 3－2 温度过低时(左)、过高时(右)雏鸡分布

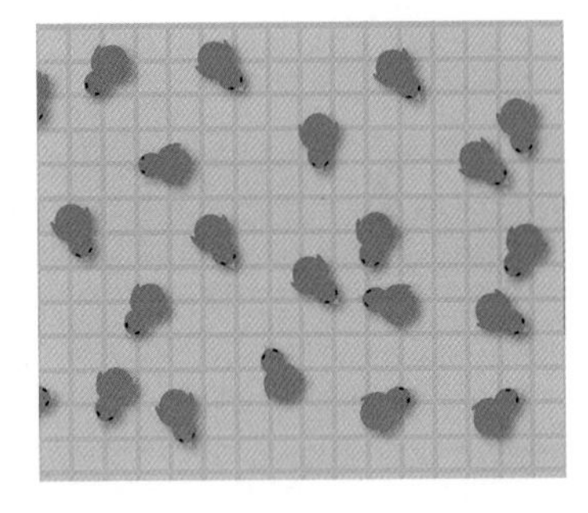

图 3－3 温度适宜时雏鸡分布

4 周龄后或自然室温高于 15℃时，可以停止加温。育雏期第 1 周、第 2 周适宜湿度分别为 60%～65%、50%～60%，3 周龄后湿度保持在 55%为宜。湿度应与温度、通风量管理相结合。育雏第 1 周，室内温度较高，水分蒸发量大，且水汽在墙壁、保温薄膜上凝结成水滴，湿度反而会下降，可以通过增加喷雾和消毒频率的方式加以解决。1 周以后，因雏鸡的呼吸、饮水散失、排泄量增大，应控制湿度的升高，避免呼吸道病、球虫病发生。

根据品种、雏鸡体重、羽毛生长速度等差异，舍内温度可以作小幅调节。比如培养慢速型优质鸡时，可将初始温度调低 1～2℃。应避免白天、夜间温度有较大波动。

4. 饮水与投料管理

雏鸡放入育雏室，待适应环境 1～2 小时后才能开始饮水。最佳开始饮水时间为出壳后 12～24 小时内。饮用水需确保洁净，且温度与室温相接近。建议初饮水中添加 5%葡萄糖、适量的维生素与电解质，以缓解由于运输造成的应激反应，提高雏鸡成活率。为保持饮水卫生且充足，若采用小型饮水桶，每天应更换饮水并清洗水桶 2～3 次。蓄水池、饮水管线等需定期清洗。饲养全期自由饮水，春季、秋季和冬季鸡饮水量为采食饲料量的 2.0～2.5 倍，夏季鸡饮水量为饲料量的 3.0～3.5 倍。饮用水质需符合 NY 5027—2008《无公害食品　畜禽饮用水水质》要求。

在雏鸡饮水 1～2 小时后，触摸雏鸡的嗉囊，检查鸡只饮水情况，视鸡群状况，必要时可人工辅助饮水。当群体中绝大部分雏鸡饮水充分后，才能开始投喂饲料。第1～2天内可在地面、笼底铺上报纸，撒放饲料，增加雏鸡的采食机会。育雏期喂料要做到少量、勤添，前3天每2小时投喂饲料1次，此后逐渐减少投喂次数，第4周起每天投喂2～3次。投喂量随着雏鸡日龄的增加而逐渐增多，第1天雏鸡投料量为2～3克/只，第2天起每只雏鸡投料量按2克/天递增，3周龄起按1克/天递增，8周龄起按0.5克/天递增。快速型肉鸡通常以自由采食方式饲养，需保证饲料供给充足。优质鸡生长期较长，育雏后期应适当控制投料量。在育雏后期更换饲料时，应设置饲料过渡期，过渡时间为3～6天。

5. 通风换气管理

在2周龄前，每隔2～3小时通风换气1次。每次更换部分新鲜空气，以鸡舍内温度降幅不超过5℃为宜，换气后要使室内温度尽快恢复。在育雏后期，只要满足有效通风，确保舍内空气清新、无明显氨味即可。

6. 光照管理

1～2日龄雏鸡宜24小时进行光照，此后每天关灯1～2小时，使鸡群适应黑暗。第2周开始，每天减少光照30～45分钟，当光照时间减到10小时后固定光照时间，或者采用自然光。用开放或者半开放式鸡舍饲养优质鸡，在育雏后期应根据当时日照时间，进行人工补光或太阳光遮蔽，以控制体成熟、性成熟速度。1周龄、2～4周龄、5周龄以上，适宜的光照强度依次为30勒克斯、25勒克斯、15勒克斯，室内光源分布应尽可能均匀。LED光源是目前较为理想的选择，提供同等光照强度时，其能耗仅为白炽灯的10%。LED光源可设计成不同波长光波组成，以充分挖掘肉鸡的生长潜能。不同光源的光照效果如图3-4所示。

图3-4　不同的光源比较（从左往后依次为养殖LED、普通LED、条状节能灯、紧凑节能灯、白炽灯）

7. 饲养密度控制

在饮水位、采食料位充足的前提下，育雏鸡在育雏前期的饲养密度一般为30～50只/米²，在育雏后期一般为20～25只/米²。优质肉鸡活动量较大，后期饲养密度应相应降低。

8. 易发疾病控制

育雏期肉鸡生长速度快，饲养密度较大，极易发生慢性呼吸道病、球虫病、大肠杆菌病等，对生长环境的要求较高。除确保适宜的环境温度、湿度等条件外，要做好必要的药物预防和隔离消毒、免疫等工作。同时，注意观察鸡群精神状态、采食量及粪便状况，发现异常及时查找原因。

9. 平养育雏管理

图3－5为地面厚垫料平养即地面上铺设刨花、木屑、砻糠、稻草等垫料的育雏方式。垫料要求干燥、柔软、无霉变、无异味。进雏时，垫料铺设厚度为5～10厘米，此后，酌情添加、翻动，保持干燥。育雏第1周，要注意避免雏鸡因采食过量的木屑而死亡。育雏后期应避免垫料过于潮湿，否则会造成室内空气混浊。

网上平养雏鸡群接触粪便的概率比地面垫料平养雏鸡群要低很多，有利于降低患病风险，饲养密度也可相应提高，如图3－6所示。网上平养育雏的缺点是保温性能较低，在初期应适当提高室内温度。另外，在育雏初期，特别注意底网孔径要合适，以防止雏鸡腿部受伤。

图3－5　地面厚垫料平养的育雏方式

图3－6　网上平养的育雏方式

10. 笼养育雏管理

笼养育雏，特别是层叠式鸡笼，不同层间的温度存在差异，要通过风扇维持空气温度均匀。照明灯设置时要考虑中下层的有效光照强度。进雏1～2天时，可使用开食盘、小型饮水桶进行喂食、喂水，以确保初期饮水与采食不受影响。注意底网孔径不宜过大，避免胫关节受伤。此后，及时调节采食位置的铁丝间距、料槽与饮水线的高度。图3－7为5日龄笼养雏鸡群。随着日龄的增加，应及时调整饲养密度。要保证不同层间的光照、通风等条件，做到尽可能一致。

图3－7　笼养育雏

第二节　培育期管理

培育期通常是指土鸡7周龄至出栏、仿土鸡6周龄至出栏的饲养阶段，快速型肉鸡的培育期为5周龄至出栏的饲养阶段。

1. 鸡舍环境条件控制

育成期肉鸡饲养的适宜温度为18～23℃。在密闭或半敞开鸡舍，要保证有效通风量，使舍内空气清新、无明显氨味。在炎热时期，采用湿帘降温设施，可使鸡舍温度下降3～6℃，能有效缓解热应激反应。敞开式鸡舍要确保自然通风顺畅，增加喷雾消毒的频率，能兼具消毒与降温作用。

育成期肉鸡理想湿度为55%～65%。在生产上几乎不存在湿度过低的状况。在饲养密度过高、乳头漏水严重、湿帘长时间运行时，湿度会明显偏高，对生长不利。

育成期肉鸡光照强度需要量为15勒克斯，即每平方米保持3～5瓦的白炽灯光源。生长速度较慢的优质鸡，在7周龄以后应适当控制光照强度与光照时间，以控制其生长速度。光照太强，鸡敏感性、活动量会增加，室内扬尘增多，不利于鸡群健康。在温度、通风等条件良好的状况下，肉鸡生长差异性较小，图3-8分别为全开放式鸡舍和全封闭式鸡舍条件下饲养的肉鸡群体。

图3-8　育成鸡饲养

2. 饲料与饮水

快速型肉鸡通常采用自由采食的方式，全程不限制饲喂。人工喂料时，每天至少分2次投喂。优质鸡在出栏2周之前，一般采用限制饲喂方式，投料量为自由采食量的70%～85%，分早晚2次投放；随着体重的增加，应及时增加料桶数量，以确保鸡群采食量均匀。出栏前1～2周，可采用自由采食方式，以达到适宜的出栏体重与脂肪积累。要保证饮用水充足、顺畅，以饮水桶方式供水，器具每天至少清洗1次。

3. 群体数量与密度

单个饲养群体数量，快速型肉鸡可以在10000只以上，饲养密度与鸡舍环境控制能力强弱相关。以出栏体重计，每平方米肉鸡体重应高于25千克，条件优越与管理水平较高的可达每平方米35千克，即12～14只。

优质鸡体形小，但活动能力强，单个群体应小于5000只。面积较大的鸡舍应分小区饲养，每个区1500～2500只，饲养密度为8～12只/米^2。在鸡舍内可设置栖架，降低饲养密度，提高鸡舍利用效率，栖架制作可参考阶梯式蛋鸡笼的笼架。饲养群体越小，密度越低，采食位越充分，鸡群体重均匀度越好。

4. 垫料管理

饲养后期，排泄物的增多会导致垫料含水量上升，又因鸡的不断踩踏，垫料容易板结，易引起肉鸡足垫炎症、胸部水泡等病变。垫料水分过高，球虫和细菌增殖加速，易导致鸡舍内氨气浓度升高，增加鸡群患病风险。除补充新鲜垫料外，还须增加翻动次数，使鸡粪与垫料充分混合。垫料含水率以20%～30%时最佳，其疏松度、吸附性与自然酵解状态等均处于适宜状态。若垫料过于干燥，鸡舍内灰尘量大，可通过喷雾增加湿度。

图3-9　垫料预处理堆积发酵

添加一定比例的沸石粉等无机吸附剂，能明显提高垫料吸附水分、有害气体的能力。另外，添加微生态制剂对垫料进行发酵预处理，应用效果也较为明显。在肉鸡出栏后，对鸡粪进行堆积发酵，如图3-9所示，可实现重复利用，节约成本。

5. 公母分群饲养

公母分群饲养，对光照、投喂饲料等进行差异化管理，如图3-10所示，有利于降低鸡群的损伤率、提高整体均匀度与饲料转化率。当要求公鸡以线鸡上市时，40～60日龄是最佳的阉割期，此时手术死亡率低，整体生长性能好。

图3-10　育成鸡分群饲养

第三节　放养优质鸡管理

优质鸡、土鸡在育成期以放养为主，目的是改善鸡的健康状况、品质、风味并节省饲料，符合生态养殖的理念。放养场地指山林、果园、荒坡、草坡、农闲田等，能让鸡群通过觅食而获取部分营养，降低饲料耗费。由于放养鸡舍设施简陋，环境条件可控性差，所以在管理方面应更精细，以实现低风险、高效益生产。

1. 适宜阶段

开始放养日龄以夏季35日龄、春季和秋季45日龄、冬季50～60日龄为宜。小鸡从育雏室到放养场地，由于环境改变非常大，为减少应激反应，必须循序渐进。在放养前，应做好公鸡、母鸡分群，然后让鸡群适应鸡舍小环境，放养最初几天对鸡群状况要加强观察。

2. 安全措施

无论鸡群放养场地是在果园、林地，还是山坡，都应在边界设置围网。围网应高于地面1.5米，以固定鸡群的活动范围。放养场地禁止使用农药。

要有效控制疾病发生风险。放养场地一般很难对道路、生物隔离等进行规范化设计与建设，这增加了鸡群患传染性疾病的风险，如流动人员、车辆、工具、野外动物、逃逸鸡只、地表径流与排泄物等，均可能会成为疾病的传染源和传播载体。除做好鸡群的预防、免疫，还需强化日常清扫、消毒工作，重点为鸡舍与道路。并及时挑出病鸡、弱鸡，单独饲养。

在现有优质鸡品种的生长特性和销售方式下，一个放养鸡群，可以做到“全进”，但难以实现“全出”。饲养后期持续出栏时，对人员、笼具、鸡只的消毒极为重要，应尽最大可能避免病源的交叉感染。

3. 场区管理

一个相对独立的放养区域包括鸡舍与放养场地。鸡舍作为晚间和恶劣天气时的栖息场所，需配投料、喂水与照明设施。即便是全开放式鸡舍，也应做到门窗齐全，或设置有效的围网，方便鸡群的管理。如图3－11所示，一幢鸡舍、一块林地组成一个放养区域，放养区域以道路、围网进行有效隔离，可确保放养区域间的独立性。

图3－11　放养区域间以围网、绿化隔离

放养场地应降低地下水位，确保排水顺畅。背风向阳、地势高、坡缓平坦的场地对放养鸡生长更为有利。如有必要应对土壤进行改良，包括表层土壤的更换、翻耕，种植高产牧草，提高植物产出量。林地、果园等尽可能保留杂草，以起到遮阴作用。

放养场地包括竹林（图 3－12）、稻田（图 3－13）、荒地（图 3－14 左）、果园（图 3－14 右）等。

图 3－12　林地放养

图 3－13　冬季稻田放养

图 3－14　荒地、果园放养

具有活动场地的圈养，如图 3－15 所示，若此场地不再生长植被，应注意经常清扫与消毒。空栏时宜对浅表土层进行更换。

图 3-15　具有活动场地的圈养

4. 饲养密度

放养鸡的群体数量一般控制在1500～2000只。鸡舍应满足恶劣天气时的圈养条件，可略高于同品种鸡平养时的饲养密度。

合理的放养密度，可以实现对生物资源的可持续、适度利用。放养实际密度，需要根据植被条件、管理方式等进行不断调整优化。如同一区域，一次性放养密度应低于100只/亩，为确保优质鸡品质，放养密度可降低为60只/亩；一个生产批次结束后，可闲置1～2月，让植被得以自然恢复。同一区域内不间断放养时，密度应低于20只/亩。若场地条件许可，可实施分片轮牧，以增加单位土地的利用率(图3-16)。可将养殖场地用网片分隔成若干个封闭的单元，并预先种植牧草。鸡群可在各单元间轮牧式放养，鸡舍可做成可移动的简易木板房。

图 3-16　小群分区轮牧放养

以室内饲养为主的优质鸡群，配备一定面积的室外活动场地更有益于鸡群健康，肉质也更美味，室外活动场地面积达舍内面积的1～2倍即可。

5. 饲料与饮水

放养开始时不可立即更换饲料，可适量提高饲料中复合维生素和抗应激添加剂等的浓度。放养期间每天的饲料投放量可根据品种特性、预期增重量、运动量、场地牧草生长情况等因素确定。放养鸡通常选用环境适应性较好的土鸡，生长速度慢、耐粗饲，对营养要求较低，饲料投放量达到舍饲自由采食量的40%～50%时即可实现较好的生产性能。每天饲料分早、晚两次投放。同时，尽可能增加料槽数量，保证鸡群均匀采食。

鸡群觅食获取的绝大部分为青绿饲料，含较多的纤维素，营养成分含量极有限，采食过多会降低增重速度。据评估，以干物质重量计，青绿饲料不高于饲料总量的30%时，对鸡的生长、品质较为有益。青绿饲料摄入比例过高，反而降低补充饲料的利用效率，极不经济。

推荐使用自来水或经处理达标的地表水作为饮用水，以饮水桶、乳头等方式供给。放养区域内难免存在地表水塘及径流，其水质未达到相关标准要求的，应设置围栏予以隔离。

6. 出栏前管理

在上市前2～3周，饲料改为不限量供应。缩短放养时间与活动空间，使鸡快速增重。

第四节　生产记录

根据《国务院关于进一步加强食品安全工作的决定》的要求，食品生产经营者应当采用信息化手段建立食品质量追溯体系。家禽产品的质量很大程度取决于生产过程的质量控制，这就要求对肉鸡生产全过程的记录必须完整、清晰。生产记录不仅满足食品安全管理的要求，也会对肉鸡生产的科学管理、生产效率与经济效益有所帮助。

要做到产品质量可追溯，必须基于肉鸡生产管理流程中完整的记录信息。饲养过程中产品质量可以追溯的最小单位为一个鸡群。

1. 雏鸡至育成出栏的养殖记录

在实施“全进全出”饲养方式下，以一幢鸡舍（同一批次鸡）为对象，记录自进雏至出栏过程中所有的投入品情况、管理措施及生产性能。记录内容主要包含以下方面：

① 雏鸡来源、品种与数量、日期、健康状况，饲养所在鸡舍编号。

② 每个生长期主要环境数据，如温度、湿度等。

③ 每个生长阶段饲料名称、来源与消耗，营养保健性添加剂使用情况。

④ 生长情况，包括关键日龄的体重、耗料、饮水情况、成活率等。

⑤ 免疫、消毒情况，包括用药日期、剂量、方式与效果等。

⑥ 疾病治疗情况，包括治疗日期、诊断结果、药物名称与剂量、用药方式与持续时间、治疗效果等。

⑦ 肉鸡出栏日期与流向。

⑧ 饲养全程辅助物品的使用记录，如垫料等；鸡粪及污染物的处理方式与流向；放养鸡群还应记录放养场地变动情况，如土地耕作、化肥与农药的使用情况。

2. 场区记录

① 投入品采购、仓库记录，包括饲料及饲料原料、消毒品与药物、生产辅料三大类。前面两类需要记录每个批次的名称、生产厂家及产品批号、保质期等。所有投入品的出库记录，应与每个批次鸡的领用量（消耗）一一对应。饲料、药品等分别留取样品。

② 场区范围内的消毒、防疫记录。

③ 雏鸡进栏、成鸡出栏记录。雏鸡进栏记录包括雏鸡来源、数量、饲养栏编号等；成鸡出栏记录包括数量、检疫情况、运输工具、最终流向等。

④ 污染物处理与流向记录，包括鸡粪、死淘鸡与过期药物等。

3. 生产档案管理

以肉鸡生产批次为单位，将生产记录装订成册，应严格执行《畜禽标识和养殖档案管理办法》（2006 年 6 月 26 日农业部令第 67 号公布）相关规定。

第四章　肉鸡营养与饲料

第一节　肉鸡营养需求

浙江省快速型肉鸡饲养量较少，本章节仅对黄羽肉鸡饲料营养与配制作一介绍。

1. 国家标准

根据 NY/T 33—2004《鸡饲养标准》，黄羽肉鸡的生产性能见表 4－1。按此生产性能，肉鸡饲养阶段营养需求见表 4－2。

表 4－1　黄羽肉鸡生产性能

周龄	公鸡体重/克	母鸡体重/克	公鸡耗料/克	母鸡耗料/克
1	88	89	76	70
2	199	175	201	130
3	320	253	269	142
4	492	378	371	266
5	631	493	516	295
6	870	622	632	358
7	1274	751	751	359
8	1560	949	719	479
9	1814	1137	836	534
10	—	1254	—	540
11	—	1380	—	549
12	—	1548	—	514

表 4－2　黄羽肉鸡营养需求

营养成分	公 0～3 周 母 0～4 周	公 4～5 周 母 5～8 周	公 6～周 母 9～周
蛋白质/%	21.0	19.0	16.0
代谢能/(兆焦・千克$^{-1}$)	12.12	12.53	12.96
赖氨酸/%	1.05	0.98	0.85

续表

营养成分	公0～3周 母0～4周	公4～5周 母5～8周	公6～周 母9～周
蛋氨酸/%	0.46	0.40	0.34
蛋氨酸+胱氨酸/%	0.85	0.72	0.65
钙/%	1.0	0.90	0.80
总磷/%	0.68	0.65	0.60
有效磷/%	0.45	0.40	0.35
钠/%	0.15	0.15	0.15
铁/(毫克·千克$^{-1}$)	80	80	80
铜/(毫克·千克$^{-1}$)	8	8	8
锰/(毫克·千克$^{-1}$)	80	80	80
锌/(毫克·千克$^{-1}$)	60	60	60
碘/(毫克·千克$^{-1}$)	0.35	0.35	0.35
硒/(毫克·千克$^{-1}$)	0.15	0.15	0.15
维生素A/(IU·千克$^{-1}$)	5000	5000	5000
维生素D/(IU·千克$^{-1}$)	1000	1000	1000
维生素E/(IU·千克$^{-1}$)	10	10	10
维生素K/(毫克·千克$^{-1}$)	0.50	0.50	0.50
维生素B_1/(毫克·千克$^{-1}$)	1.80	1.80	1.80
维生素B_2/(毫克·千克$^{-1}$)	3.60	3.60	3.60
维生素B_6/(毫克·千克$^{-1}$)	3.5	3.5	3.0
泛酸/(毫克·千克$^{-1}$)	10	10	10
烟酸/(毫克·千克$^{-1}$)	35	30	25
叶酸/(毫克·千克$^{-1}$)	0.55	0.55	0.55
生物素/(毫克·千克$^{-1}$)	0.15	0.15	0.15
维生素B_{12}/(毫克·千克$^{-1}$)	0.010	0.010	0.010
胆碱/(克·千克$^{-1}$)	1.0	0.75	0.5

国家标准营养建议值更多倾向于中速型和快速型肉鸡，并以追求最大生长速度为目标。据相关报道，若以能量沉积效率为目标，中速型和慢速型肉鸡饲料能量值可设定为国家营养标准值的94%～96%。当日粮代谢能高于12兆焦/千克时，中后期肉鸡的体脂沉积加速，腹部脂肪积累尤其明显，这对不特别强调生长速度的优质鸡，并无益处。另外，在每个生长阶

段，母鸡对代谢能的敏感度高于公鸡，也会在采食量上得到反映。

在 0～4 周的生长前期，日粮的粗蛋白浓度不应高于 21%，在 19%～20%时能达到最大能量沉积效率。在 5～8 周饲养中期，适宜的粗蛋白浓度公鸡为 17%～19%，母鸡为 16%～17%。9 周龄以后，公鸡日粮的粗蛋白浓度可设定为 16%～17%，母鸡可设定为 15%～16%。

饲料中主要矿物质元素钙与磷浓度，存在相互影响关系。在磷含量充足时，黄羽肉鸡在 0～4 周龄、5～8 周龄和 9 周龄以后三阶段日粮中钙的适宜浓度依次为 0.95%～1.05%、0.90%～1.00%和 0.85%～0.95%。在 1～21 日龄，当饲料中钙含量设定为 1.0%时，饲养试验测得的肉鸡磷需要量，以有效磷计，最低需要量为 0.27%，最快日增重时需要量为 0.51%，高于 0.59%时阻碍生长；以总磷值计，0.60%可满足最快生长。22～42 日龄生长期的试验结果显示，当饲料中钙含量设定为 0.8%时，0.36%的有效磷对生长有利，高于 0.43%时生长受损。在 43～63 日龄试验期间，饲料中钙含量设定为 0.8%，适宜增重与骨骼生长的有效磷浓度为 0.36%，不能高于 0.43%。

2. 浙江地方鸡种营养需求研究进展

浙江省近年培育的优质鸡品种，如光大梅岭鸡、宁海土鸡等，其生长速度均低于国家标准中定义的中速型黄羽肉鸡。在国家营养标准框架下，结合浙江省特定的饲养方式，经试验得出本土品种更为精确的营养需求，可作为饲料配制、肉质调控的依据。

按黄羽肉鸡营养国家标准配制试验饲料，分别测试 110 日龄光大梅岭黄羽肉鸡母鸡 70%限制饲喂基础日粮、饲喂 85%基础日粮和 15%玉米芯粉、添加 0.1%纤维素酶 3 个试验组的生产性能。结果显示，日粮中含有过高的粗纤维会明显降低生产性能，添加酶有助于纤维素的消化利用；3 个试验处理均有助于提高胴体品质，但限饲组的经济性能最好。

陈希杭等人研究了宁海土鸡各阶段最佳代谢能、粗蛋白的试验，结果为 0～4 周代谢能为 11.9 兆焦/千克、粗蛋白浓度为 20.03%，5～8 周代谢能为 12.20 兆焦/千克、粗蛋白浓度为18.02%，9 周以上代谢能为 12.30 兆焦/千克，粗蛋白浓度为 17.46%。优质黄羽肉鸡生长受日粮粗蛋白影响大于能量值。此结果可作为宁海土鸡饲料配制的依据。

以新培育的萧山鸡为对象，实验得出 0～4 周阶段试验鸡（公鸡、母鸡混合育雏）实现最大生长速度的粗蛋白浓度为 20%，代谢能为 11.6 兆焦/千克。在 5～8 周期间，最适代谢能为 12.6 兆焦/千克，公鸡、母鸡粗蛋白浓度分别为 19%、18%。在 9～12 周期间，最适代谢能为 12.6 兆焦/千克，粗蛋白浓度为 17%。上述结果显示，尽管公鸡、母鸡阶段增重差异显著，但各个阶段的代谢能浓度差异较小，公鸡粗蛋白需求高于母鸡。

以光大优质黄羽肉鸡为试验对象。对照组，0～8 周、9～18 周两阶段试验日粮的代谢能、粗蛋白浓度参照 NY/T 33—2004《鸡饲养标准》中生长蛋鸡推荐值。试验组，两阶段日粮主要指标分别设定为对照组含量的 95%。结果显示，试验组试验鸡 10 周龄时体重比对照组无明显降低，但在 18 周龄时体重极显著降低($P<0.01$)；全程料重比提高但增重成本降低；屠宰率、全净膛率下降($P<0.05$)，腹脂率提高($P<0.05$)；Gompertz 生长模型拟合极限体重显著下降，拐点周龄提前。所以，适度降低日粮营养水平，能改变试验鸡的生长模式，提高体成熟速度。

第二节　饲料配制

除小规模放养鸡以补充谷物原料为饲料外，肉鸡养殖全程都应投喂配合饲料。配合饲料是动物营养、饲料科学研究进展的高度集成体现。其中含有的营养物质能充分满足特定动物生长、生产需要，产生良好的养殖效益。配合饲料的营养值、生产工艺与卫生指标，均须遵照相关国家标准、法律与法规要求，确保质量稳定，有利于动物健康和环境保护。配合饲料还具有方便运输、保存和使用的特点。

1. 饲料组成

饲料中的营养成分类别包含能量、蛋白质、矿物质、氨基酸、微量元素、维生素等。每一种营养物质的含量，取决于动物及其对应的生长阶段需要量。

饲料原料组成见表 4 - 3。

表 4 - 3　饲料原料组成

营养类别	常用原料	比　例
能量	玉米、谷物、淀粉、油脂	55%～70%
蛋白质	大豆、饼粕、糠麸、鱼粉	20%～30%
常量元素	食盐、磷酸氢钙、石粉	1%～3%
微量元素	铜、铁、锰、锌等单质化合物	0.1%～0.2%
维生素	脂溶类、水溶类维生素单体	0.01%～0.05%
氨基酸	蛋氨酸、赖氨酸等单体	0.1%～0.5%
辅料	载体、防霉剂、抗氧化剂	0.5%～1%

肉鸡生产上，常用饲料的种类有配合饲料、复合预混饲料、浓缩饲料。配合饲料可以直接饲喂，复合预混饲料和浓缩饲料是配合饲料的组成部分，不能直接饲喂。三者之间的关系如图 4 - 1 所示。

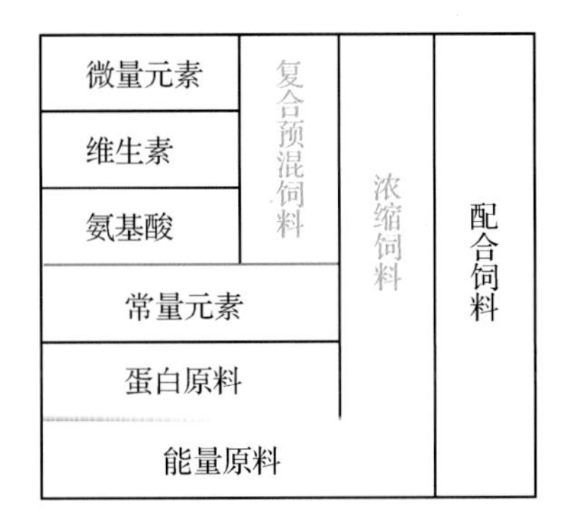

图 4－1 复合预混饲料、浓缩饲料、配合饲料之间的关系

◇ 生产商　生产许可证号　产品批准文号
◇ 生产批号　生产日期　保质期
◇ 适用动物　适用阶段
◇ 原料组成　成分保证值
◇ 添加比例 1%～5%
◇ 注意事项　药物添加剂成分与浓度
◇ 推荐配方

图 4－2 复合预混饲料产品标签信息

复合预混饲料产品标签，必须标示的信息如图 4－2 所示。

以物理形态分类，饲料可分成颗粒饲料、粉状饲料两种。颗粒饲料具有营养物质均匀度高、储存期长、肉鸡采食速度快且不易挑食、易消化吸收等优势。

2. 饲料配制相关标准

饲料标准可分为饲料原料标准、饲料营养标准、饲料卫生标准、饲料加工标准、营养检测标准、饲料标签等。肉鸡生产中经常涉及的标准如下：

（1）饲料原料标准。

①《饲料原料目录》。

②《饲料添加剂目录》。

③《药物饲料添加剂品种目录及使用规范》。

（2）部分饲料营养标准和饲料卫生标准。

① NY 5032—2006《无公害食品　畜禽饲料和饲料添加剂使用准则》。

② NY/T 33—2004《鸡饲养标准》。

③ GB/T 5916—2008《产蛋后备鸡、产蛋鸡、肉用仔鸡配合饲料》。

④ GB 13078—2017《饲料卫生标准》。

⑤ GB 10648—2013《饲料标签》。

⑥ GB/T 6432—1994《饲料中粗蛋白测定方法》。

⑦ GB/T 6436—2002《饲料中钙的测定》。

⑧ GB/T 6433—2006《饲料中粗脂肪的测定》。

⑨ GB/T 6437—2002《饲料中总磷的测定　分光光度法》。

⑩ GB/T 6438—2007《饲料中粗灰分的测定》。

⑪《GB/T 6434—2006《饲料中粗纤维的含量测定　过滤法》。

（3）部分饲料加工标准。

① GB/T 6971—2007《饲料粉碎机　试验方法》。

② GB/T 5917.1—2008《饲料粉碎粒度测定　两层筛筛分法》。

③ GB/T 5918—2008《饲料产品混合均匀度的测定》。

3. 饲料配制

（1）饲料配方设计。

自行配制饲料时，建议采用在复合预混饲料中加能量原料和蛋白原料的形式。以复合预混饲料建议配方为基础，根据养殖品种的生长特性对玉米、豆粕等原料配比做适当调整。配方中以豆粕替代等量玉米，豆粕增加1%，粗蛋白增加0.35%，能量值降低较小。

谷物加工副产物原料如麸皮、米糠、菜籽饼粕等价格低，但粗纤维含量高，蛋白质量较差，所以在配方中的比例不宜过高。当需要另外加入药物、营养性添加剂时，要注意查看复合预混饲料的标签说明，避免重复添加或配伍禁忌。

特定品种在特定生长期的饲料配方一旦确定，一般不得更改。小规模养殖场，首先应保证饲料能产生稳定、良好的生长性能，其次考虑配方的经济性。

（2）原料称量。

饲料配方确定后，根据饲料混合机的容量，计算出每个生产批次每种原料的投料量。每种原料必须单独称量、单独存放。原则上，配料与称量过程至少有2人在场，需要有1人对原料及其重量进行逐一复核。

（3）粉碎。

粉碎机筛片孔径前期1.5～2.0毫米，中后期2.0～2.5毫米。使用同一孔径筛片，因原料、机器、动力等不同，物料细度也存在较大差异。

（4）混合。

中小规模鸡场使用的小型饲料机组，有一个立式的混合仓，不同粒径、容重的物料在混合过程中容易分层，导致饲料均匀度下降。为确保混合均匀，需要注意以下几点：需要粉碎的原料，粉碎后粒径应尽可能保持一致；原料的投入次序为先加入玉米、豆粕等主要原料，然后加入复合预混饲料，最后加入石粉、盐等容重较大的原料；药物等微量添加剂，先用玉米粉稀释，人工拌匀后再加入混合仓（图4-4）；在生产不同的饲料前，应对混合机的料仓、原料输送器、出料输送器等部位进行清理，以减少残余饲料；每批次混合时间控制在2～3分钟。饲料加工流程图如图4-3所示。

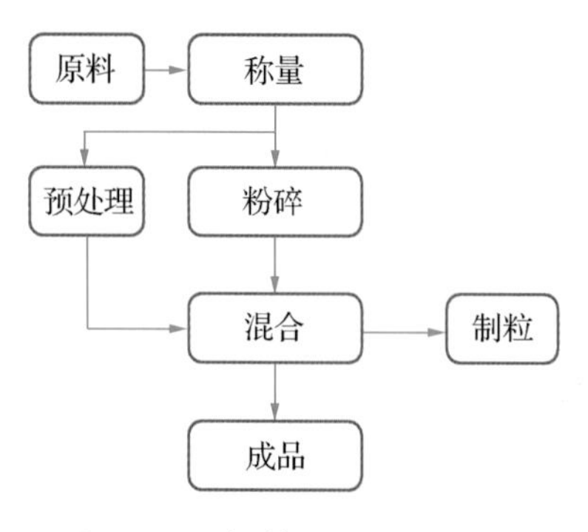

图4-3　饲料加工流程图

图 4-4　小型饲料加工机组

（5）储存。

饲料仓库必须保证避光、干燥、通风，湿度尽可能小于 70%。温度越低，饲料变质的可能性就越小。配合饲料、复合预混饲料要严格保证在保质期内使用。原料和自配饲料的含水量应低于 13%，若含水量超过 13%，且饲料需储存 2 周以上，都应在储存前添加防霉剂。环境湿度超过 80%时，霉菌生长迅速，应尽快使用。无论是在夏季，还是秋季，自配饲料保存期不宜超过 1 周。防霉的关键措施是保持饲料干燥。

第三节　本土饲料资源开发

慢速型优质鸡与土鸡的饲养周期较长，注重风味物质的沉积，可以对当地饲料资源加以开发利用。本地饲料原料的应用，不仅可以节约饲料成本，而且能对肉鸡的生长速度、胴体组成、肤色、风味等进行调控，最大可能形成优质鸡产业特色。

1. 牧草

放养鸡通过采食杂草、牧草可以获取部分营养。青绿植物中的维生素与矿物质，对优质鸡群健康、肉质风味有重要贡献。纤维素能促进肠道健康，也起到调节生长速度的作用。源于植物的非营养物质，如生物碱、黄酮等，较多的研究结果显示其具有抑菌、调节免疫和生长、促进风味物质沉积等功效。

常见的牧草有黑麦草、苜蓿草等，在生长初期纤维少，可作为优质鸡的部分蛋白质来源。缺少放养场地的鸡场，通过人工种植牧草，适时收割，直接投喂，或经过粉碎后饲喂。以蛋白和能量衡量，苜蓿草的营养价值比其他牧草更高。万寿菊适应性强、种植简单、产量高，浙江的鸡场已有开始种植并应用。万寿菊花中类胡萝卜素含量高，是天然黄色素提取物的主要原料，新鲜花朵可用于改善肉鸡肤色，降低对合成色素的依赖性，更符合纯天然的养殖理念。

枝叶类原料，浙江以桑叶、茶叶较为常见。鸡拒食新鲜桑叶，必须经干燥后制成桑叶粉混入饲料饲喂。优质桑叶粉的粗蛋白测定值与苜蓿草粉接近，但饲养生长效果不及后者。桑叶粉的功效主要体现在降低肉鸡腹脂，提升肌肉品质，增强机体抗病力等方面。浙江省茶叶加工产业发达，茶叶提取特定物质后产生的大量茶叶渣，常作废弃物处理。近年研究发现，茶叶渣经过生物处理，可用作畜禽饲料。茶叶渣在肉鸡、蛋鸡生产上的应用，处于尝试阶段。

桑叶、茶叶等枝叶表面有较厚的蜡质层，动物较难消化，而且单宁浓度高，动物适口性差、蛋白利用率低，甚至有害。因此，这类原料的理想开发途径是发酵处理。经发酵后，此类原料的营养利用率会大幅提升，发酵后保留的有益菌、菌体代谢产物均是优良的肉鸡添加剂。

2. 昆虫饲料

鸡喜食昆虫等小动物，但即使在极低密度放养条件下，鸡觅食昆虫的概率也极低。集约化养殖蚯蚓、苍蝇作为饲料，食用此类饲料的优质鸡、鸡蛋上市后分别被冠名“虫草鸡”“虫草鸡蛋”，销售价格倍增。但是目前蚯蚓、苍蝇工厂化的养殖成本明显偏高，而且昆虫养殖的部分材料是动物粪便，安全性要达到饲料原料标准，难度较大。

3. 农产品加工副产物

农产品加工副产物主要有糟渣、豆腐渣等。此类原料干物质的共性是粗蛋白浓度高，但蛋白质量差、能量值偏低、粗纤维较多，更适合反刍动物。糟渣含水率大于60%，高温季节从工厂运抵养殖场的途中，就已经开始腐败变质，因此，在条件允许的情况下，将糟渣晒干或烘干后作为优质鸡的部分饲料，安全性最高。新鲜糟渣要严格控制投料量，避免残余小分子物质、毒素等引起的毒副作用。另外，动物摄入过多的活酵母，饲料利用率会明显下降。

糟渣喂鸡，常用的处理方法是制成发酵饲料。在新鲜糟渣中加入适量的麦麸、草粉等干物质调节含水量，添加专用菌种，于密闭条件下厌氧发酵。发酵酒糟在营养、保存、安全等方面，均有明显改善。

第四节　肉鸡健康与品质提升营养技术

1. 改善肤色

消费者对三黄鸡的固有观念是皮肤颜色深浅与饲养日龄和美味紧密相连。但随着育种技术发展,优质肉鸡的生长期大幅缩短。在常规玉米豆粕型饲料供给下,肤色难以满足市场需求,只能通过添加剂予以解决。

肉鸡皮下脂肪中的黄色物质为叶黄素,主要来源于玉米及其加工产物。叶黄素极不稳定,玉米经过数月储存,含量即明显下降。而且在饲料中叶黄素充足的前提下,色素沉积也受到多种其他因素制约,如皮下脂肪量、脂肪类型等。特别是高温季节,肉鸡肤色会明显变淡。

除在饲料中增加优质玉米、玉米蛋白粉原料比例外,最为有效的增色办法为添加叶黄素。如天然的着色添加剂——万寿菊提取物,能补充畜禽体内维生素A的不足,具有抗病、防病的功效,也被认为是高效营养强化剂及禽产品着色剂。万寿菊提取物的有效成分是叶黄素。其不足方面是即使提高其在饲料中的含量,肉鸡肤色也仅为亮黄色。

化工合成并允许使用的肉鸡色素添加剂有β-阿朴-8′-胡萝卜素醛、β-阿朴-8′-胡萝卜素酸乙酯、斑蝥黄(β,β-胡萝卜素-4,4-二酮)等,沉积效果明显优于天然产物。前两种添加剂与叶黄素添加剂相似,沉积于脂肪中呈黄色,后者斑蝥黄沉积后呈红色。生产上,黄色和红色两种添加剂配合使用,肉鸡皮肤会变成令人喜爱的橙红色。天然的斑蝥黄来源于昆虫、虾蟹等。所以在放养条件下,肉鸡若能觅食到足量的昆虫,饲养期足够长,肤色也能达到自然的橙红色。

尽管国家允许使用合成色素添加剂,并具有性质稳定、添加成本低等优势,但消费者仍对其安全性心存疑虑。因此,在使用阶段、添加量等方面需要精确控制。

2. 改善肉质及其风味

研究人员较为一致地认为,增加饲料中微量营养成分的用量,能显著降低肉品宰后滴水损失率和蒸煮时的失水率。在生产上,添加适量的复合维生素制剂、电解质复合添加剂,鸡肉在货架期的滴水损失会明显减少,肉品色泽的维持也更加持久。

鸡肉的风味,目前尚没有统一的评判方法与明确指标。理论上,鸡肉中鲜味、香味物质含量越多,鸡肉的风味就越浓郁。但目前实验室测得的鸡肉谷氨酸、呈味核苷酸、呋喃硫醇、癸二烯醛等含量,与实际品评结果之间并不能完全一致,甚至没有相关性。较多的研究证实,某些植物提取物能改善肉质风味,但消费者并不完全认可。所以,消费者关注的仍是肉鸡的品种、饲养日龄、胴体外观等性状。对生产者而言,更应注重肉鸡出栏前的健康状况、胴体适当的脂肪沉积量。

3. 维护健康

近60年来，抗生素类饲料添加剂种类与使用量都在快速增长，对养殖业的贡献不可磨灭，但其负面的影响也不容忽视。研究证实，人类病原菌的耐药性与动物使用促生长抗生素直接相关。长期使用抗生素会导致动物肠道菌群失衡，肠道功能与机体免疫力下降，疫病难以控制等结果。我国正在有计划地减少抗生素的使用种类，直到抗生素类饲料添加剂全部退出养殖领域。有关经验证明，禁用抗生素后，使用微生物添加剂、植物提取物等在降低动物发病概率、改善动物健康与提升生产性能等方面起着重要作用。

（1）微生态制剂。

微生态制剂通常称为益生菌。益生菌的使用，不受鸡生长阶段限制，也没有停药期要求。肉鸡常用的益生菌有芽孢杆菌、乳酸菌、酵母等，或者是多个菌种的复配物。

益生菌的使用功效，一般有以下方面：定殖形成优势菌群，减少有害细菌数量，从而实现肠道良好的微生态平衡；提高机体免疫机能，特定益生菌能活化肠黏膜淋巴组织，以提高免疫识别能力，诱导淋巴细胞等产生细胞因子，进而增强机体免疫机能，提高饲料转化率；芽孢类益生菌增殖过程中产生多种消化酶、促生长因子，促进机体对矿物质、纤维素等营养素的消化和吸收；益生菌可降低鸡粪中氨气、硫化氢、粪臭素等臭味物质的浓度，从而改善鸡舍中的空气质量。

目前大多数益生菌的应用研究结果表明，添加益生菌后能改善鸡的生产性能。作为活菌制剂，添加时尽可能不与消毒剂、抗生素等混用。益生菌开始使用到产生效果需要较长一段时间，其功效侧重于对肠道疾病的预防。

（2）植物提取物。

植物提取物包括大豆黄酮、植物精油、三萜类等物质，功效为抑菌、抗菌，可替代药物类饲料添加剂。此类物质对肠道疾病有效，对呼吸道疾病效果不明显。

国家饲料添加剂目录收录的种类按主要成分大致可分为皂苷、多糖、黄酮、特殊脂肪酸四种。目录中的苜蓿提取物、杜仲叶提取物、淫羊藿提取物等，多数是上述四种成分的混合物。

市场上较为常见的产品，如牛至提取物、大蒜提取物、月桂提取物、茴香提取物，并没有出现在饲料添加剂目录中，其有效成分属于食用香精范畴，可见于GB 2760—2014《食品安全国家标准食品添加剂使用标准》中的食品用香料名单。百里香酚、香芹酚、肉桂醛等小分子物质最初从植物中提取，有较好的抗菌活性，也被称为植物精油。

植物提取物的功效与益生菌添加剂类似，包括抑菌与抗菌、调节机体免疫机能、提高饲料利用效率等。

第五章　肉鸡养殖福利

第一节　家禽福利的内涵

一、家禽福利的概念

动物福利理念的提出可追溯至1822年英国通过的防止虐待动物的“马丁法令”，受其影响法国在1850年也通过了反虐待动物法案。1964年，英国Harrison女士写作了《动物机器》(*Animal Machines*)一书，提出畜禽的工业化生产模式中对动物的态度和方式有悖于人类的伦理道德理念。据此，英国政府组织了对现代养殖模式下动物生存状态的调查，奠定了欧洲动物福利发展的基础。接着，《动物、人和道德》(*Animal*，*Men and Morals*)和《动物解放》(*Animal Liberation*)两部著作的出版，从哲学与社会学的角度，分析了动物与人的关系，阐述了动物的意识和道德位置问题，奠定了动物福利的社会基础。上述运动的开展促使家禽福利委员会(Farm Animal Welfare Council，FAWC)于1979年成立。家禽福利委员会提出动物具有五项权益：享有舒适的自由，免于饥渴，免于痛苦和伤病，免于恐惧与沮丧，享有正常展现其行为的自由。以上内容诠释了动物权利或动物保护运动的观念，即在于如何对待动物，或者动物应具有的权益。

自20世纪60年代以来，国内外学者和动物保护组织从不同角度阐述了对动物福利的理解。Fraser和Broom认为，动物福利是动物个体试图适应环境时的一种身体和精神状态。Brambell认为，动物福利是一个非常宽泛的概念，主要包括动物身体和精神两方面的需要，因此评估动物福利必须从动物的机体功能及其表达来进行科学判断。Wiepkema认为，周边环境变化对动物造成伤害必然使动物遭受痛苦，动物福利水平就低。Dawkins认为，动物福利好坏取决于动物的感觉。因此，动物福利的概念涉及动物生活的各个方面。动物福利定义中的伦理道德因素一直是科学界争论的焦点，一些科学家认为动物福利能够进行客观的科学评价，不需要考虑伦理道德方面因素，反面观点则认为，动物福利应该同时考虑科学和伦理道德因素。

世界动物卫生组织(Office International Des Epizooties，OIE)将动物福利定义为动物的一种生存状态，良好的动物福利状态包括健康、舒适、安全的生存环境，充足的营养，免受疼痛、恐惧和压力，表达动物的天性，良好的诊治、疾病预防和人道的屠宰方法。世界动物保护协会(The World Society for the Protection of Animals,WSPA)强调动物是有感知的,动物福利就是反对虐待动物。英国防止虐待动物协会(The Royal Society for the Prevention of Cruelty to Animals,RSPCA)强调动物福利是拯救动物,防止残酷虐待动物的行为。动物实验替代方法“3R”原则为减少实验动物数(Reduction)、改进动物实验方法(Refinement)、替代实验动物(Replacement),为科研实验中动物的使用提供了有用的指导。

英国政府在1965年成立了Brambell委员会,提出动物福利“五项自由”基本原则(简称5F原则),也是目前国际公认的动物福利评价准则,分别为提供新鲜饮水和日粮,以确保动物的健康和活力,使它们免受饥渴;提供舒适的环境,包括庇护处和安逸的栖息场所,使动物免感不适;做好疾病预防,及时诊治患病动物,使它们免受疼痛和伤害;提供足够的空间、适当的设施和同种伙伴,使动物自由地表达正常行为;确保提供的条件和处置方式能避免动物遭受精神痛苦,使其免受恐惧和苦难。迄今为止,各国的学者或组织并没有达成统一的动物福利概念,但有些点是相同的,就是保障动物健康,反对虐待动物,人与动物和谐相处。动物福利应是个综合的概念,既包括伦理道德上的主观价值,又包括科学评价上的客观价值,科学地评价和定义动物福利,需要根据试验获得各种必要的参数来推测动物主观体验,并使这个过程程序化,从而形成具有可操作性的动物福利定义。这一定义应同时涉及道德和科学两个方面。

家禽福利的理念来源于动物福利,其关注的重点是家禽对其营养状态、生产环境适应程度、健康的生理状态和行为反应。这一定义仅涉及科学层面。家禽福利是将动物福利中关注畜禽的基本生物学需求用于指导现代畜禽养殖生产而产生的一门科学。规模化畜禽养殖,是将工业化生产和管理方法应用于畜禽生产,在这种生产模式中无视了动物的生物学需求(精神、行为和健康等)。家禽福利是将动物福利的理念应用于畜禽生产过程中,体现了对畜禽基本生物学需求的满足,是保证畜禽健康、安全生产的关键。家禽福利的内涵是关注畜禽的营养状态、生产环境、健康状态和行为状态,这些内容涵盖了健康养殖的理念,健康养殖的进一步发展,是现代畜牧业的重要内涵。

二、家禽福利的应用

对家禽福利状态的关注也导致了家禽生产方式的改变,尤其是在欧洲。例如,关于层架式鸡笼中母鸡的福利问题研究在欧洲开始于1965年。1966年,欧盟兽医科学委员会的报告指出,无任何附加设备的单调型层架式鸡笼不利于蛋鸡的充分活动,因而需要更好的蛋鸡饲养系统。鉴于此,欧盟制定了《1999/74/EC》指令。该指令要求2003—2012年,逐步取缔传统的集中笼养蛋鸡饲养模式,并要求自2003年1月1日起停止安装这样的设备,所有的传统笼养系统必须替换成环境丰富型笼具、大笼或自由放养系统。在美国,加利福尼亚州已制定相关法律,于2015年禁止完全笼养模式。在肉鸡生产中,饲养密度大、空间有限及环境单调等因素，使得肉鸡缺乏充分的活动空间，影响了其福利状态，增加了其腿部患病的发生率。欧盟规定肉鸡的饲养密度不得超过 33 千克/米^2，当温度、湿度、氨气和二氧化碳浓度处于允许范围内时，饲养密度可提高至不超过 39 千克/米^2，在各阶段肉鸡死亡率保持在一个较低的水平时，饲养密度还可以适当增加。这些法规的制定，也反映出了家禽福利标准和家禽健康及饲养环境的关系。夏季湿帘降温系统的推广应用，显著降低了肉鸡的热应激程度（图 5－1）。这些均体现了对家禽生产环境的改善和控制，符合家禽福利理念。

图 5－1　叠层笼养设施和鸡舍湿帘降温系统

三、家禽福利的内容

家禽福利关注畜禽是否具有良好的营养状态、适宜的生存环境、健康的身体和正常的行为状态。家禽福利状态的实质是畜禽对人类提供的生产环境的生理和行为反应。随着对家禽福利问题科学研究的不断深入，家禽福利逐渐发展成为一门科学。目前，对于家禽福利的研究主要集中于环境及设施对畜禽心理、生理和行为的影响。畜禽的福利状态反映了动物对环境变化或应激荷载所表现出的适应能力，这取决于动物对外界环境及变化的感知与反应强度。在畜禽生产中，动物的福利状态实际上反映了环境、饲养管理、营养等多个层面因素的综合影响。因此，通过福利评价可以发现饲养管理过程中存在的问题，为提高畜禽健康、生产性能和产品品质提供依据。

1. 感觉

近几十年来，动物福利科学的进步为表明动物是有感觉的提供了强有力的证据，换言之，动物可以体验到快乐和不快乐。随着人们日益相信这一点，道德责任感逐渐被唤醒。在对待动物的整个过程中，必须充分考虑动物的感情。神经学和行为学的研究已经证明家禽具有感觉。例如，研究发现跛足的肉鸡会选择食用更多含有止痛剂的食物。但是，对这些感觉做出判断较为困难。在确定我们所设计的养殖设施是否符合家禽的生物学需要时，很难通过一些生理指标和生产反应做出判断，但通过行为学分析，则可分析出是否符合家禽的生物学习性。例如，如果鸡群中存在严重的啄癖现象，则提示在饲料和饲养环节中存在问题，并需加以改善。

2. 疼痛

疼痛是家禽无法适应环境时的生理、心理和行为状态，与实际或潜在的组织损伤有关，常由疾病和损伤引起。在疼痛条件下，动物常表现为心跳加快、血压和体温升高、性情暴躁、采食和饮水减少、免疫力低下、内分泌代谢紊乱、行为异常。

动物在遭受伤害性刺激后，在中枢神经系统识别和作用下，机体对刺激产生了一系列的有规律的应答反应，包括行为反应、局部反应和反射性反应。行为反应是动物最常见的缓解疼痛的方式，表现为在伤害性刺激时逃跑、反抗、攻击和躲避等。疼痛初始阶段所引起的反应具有保护作用，反应速度快且明显，容易观察。例如，跛足的肉鸡改变运动方式以使患病的肢体得到恢复。另外，声音反应也具有提示意义。反射性反应是在中枢神经系统的参与下，机体对伤害性刺激做出的有规律的应答反应。其反应强度与伤害性刺激的持续时间有关，长时间的刺激引起骨骼肌连续收缩，通常牵扯到全身其他部位，还会诱发一系列的生理机能变化，例如心率加快、血压升高、瞳孔放大、汗腺和肾上腺髓质分泌物质增加，其意义在于尽可能地使动物处于防御和进攻的有利地位。

3. 生物学需求

生物学需求是动物为获取特定资源的生物学表现。生物学需求包括两个方面：一是生存所必需的生物学需求，如充足的食物和清洁的饮水；二是特殊生理阶段或时期的生物学需求，例如，母鸡的筑巢和抱窝。生物学需求的重要性可以通过这些需求在得不到满足时表现出的异常生理现象和行为确认。例如，家禽在缺乏蛋白质时会表现出生产性能或者繁殖性能下降，在缺乏微量元素时会表现出异食癖，笼养蛋鸡在环境贫乏时会表现出啄癖等。通过生理测定和行为分析的方法，可以定量地描述这些生物学需求的重要性。例如，频繁出现的某一种行为表明了其需要的程度。在生产中频繁地观测到热喘息现象，则证明鸡舍内温度偏高；鸡频繁出现惊群时的叫声，则提示鸡舍内有老鼠或其他异常问题。当动物的生物学需求不能得到满足或受到限制时，就可能出现异常的行为和生理反应。例如，出现营养缺乏症和异常行为，如刻板行为、啄癖等。在现代家禽生产设施中，家禽的部分行为或生理学需求难以得到满足，例如，沙浴和筑巢行为。这些行为受到大脑的神经调控，这些行为的限制是否会影响蛋鸡的神经内分泌功能，并影响到其产蛋性能的维持还需要进一步研究。

4. 动物应激

目前绝大多数集约化家禽生产系统中的饲养条件和管理模式都不可避免地给家禽带来

各种应激反应。例如，鸡群饲养密度高，活动空间小，自然行为不能很好表达，导致身体和心理的应激反应增加；饲养人员造成的惊吓和驱赶；抽检、抓捕和免疫注射造成的惊吓和疼痛等。研究发现，人与动物近距离接触而引起的恐惧、害怕，不仅影响动物的生产性能，使生长和繁殖能力下降，还损害动物的福利，引起刻板行为的增加和免疫抑制。

第二节　家禽福利评价体系

家禽福利状态的好坏直接关系到家禽和消费者的健康，因此，有必要对家禽的饲养、运输、屠宰环节的福利、健康和管理水平进行客观的评价。评价指标的选择既要有科学依据，又要可用于生产实践。每个指标的选择都是根据评价目标而设定的，因此，在家禽福利的评价体系中，主观评价和客观评价共存，通过不断完善评价指标体系可以尽量做到客观评价。近年来，国外学者已经开发出多种科学方法来评估家禽福利，主要是应用行为和生理指标评价家禽适应饲养环境的能力。

一、家禽福利评价体系概述

饲养、运输和屠宰阶段的福利评估越来越多地被应用于家禽生产实践操作方法和措施的改进。家禽福利关注的焦点主要在于福利水平较低的生产系统，其既无法满足家禽的生理和行为要求，也会给家禽带来疾患和痛苦，进而影响生产性能和禽产品品质。评价饲养阶段及家禽福利好坏的指标包括饲料、饮水、鸡舍环境、疾病诊治、损伤、自然行为表达、精神状态、人鸡关系等方面，而屠宰环节家禽福利状态的决定因素有宰前处置、屠宰设备、有效击晕和放血等。

目前，还没有普遍认可的全面反映家禽福利状态的评价体系。20 世纪末期，欧美发达国家针对不同的家禽，依据不同的家禽福利指标，建立了多种家禽福利评价体系，主要分为四大类，分别是家禽需求指数评价体系，基于临床观察及生产指标的因素分析评价体系，家禽舍内饲养基础设施及系统评价体系，危害分析与关键控制点评价体系。

1．评价指标

判定家禽福利优劣的指标主要有疾病、损伤、行为和生理指标等。多年来国际通用的做法是利用生理和行为指标评价家禽的福利状况，但利用行为指标评价时结果带有一定主观性和不确定性，使用生理指标评价时收集数据要非常慎重，以免测定过程造成二次应激，导致结果不准确。受伤和患病的家禽福利要比健康的家禽差，影响程度从轻微到严重不等，因此也可以从疾病预防和控制的角度评价家禽福利。

（1）疾病。

疾病会导致家禽的福利水平低，有些疾病甚至引起家禽死亡，所以评价家禽疾病的方法对家禽福利研究特别重要。疾病对家禽福利的影响不但取决于疾病的发生率或死亡率，还取决于疾病的持续时间和患病家禽体验的疼痛或不适宜的程度。当评价饲养阶段家禽福利时，传染病的发病率和死亡率是重要的评价指标。

在考虑鸡舍环境与家禽福利的关系时，与生产相关的疾病对家禽福利的影响较大，主要的疾病有腿病、关节病、肾病、生殖系统疾病、心血管疾病、呼吸系统疾病、消化系统疾病等。评价某种疾病对家禽福利水平的影响时，对疾病的严重性进行临床观察和分析，再结合该病发生的频率和严重程度进行评价。

（2）生理指标。

家禽的生理指标如体温、呼吸频率、血液代谢指标（血糖、尿酸、谷丙转氨酶、乳酸脱氢酶）、抗体水平和激素水平（如皮质酮等）能够部分地反映出机体生理与代谢状态。

当家禽受到有害的应激刺激时，肾上腺皮质的反应对评价家禽福利很重要。绝大多数家禽血液中肾上腺皮质激素水平升高大约需要 2 分钟，5～20 分钟升到最高峰，15～40 分钟后开始下降，数据变化越大，说明应激反应程度越高。短期内的应激影响通过测量血液的肾上腺皮质激素水平即可。另外，肾上腺皮质激素具有节律变化，肾上腺皮质激素的分泌呈现脉冲性或间断性。评价舍饲环境对家禽福利的影响时，为不使肾上腺皮质激素的波动性影响试验结果，取样过程必须细致，应尽快采取血液样本，避免取样对家禽的干扰造成结果不准确。儿茶酚胺类物质同样可以反映应激反应的程度。但是，在分析生理指标的变化时，需要注意相关的影响因素，如求爱行为、交配、追捕甚至养育行为都与肾上腺皮质激素有关，因此，肾上腺皮质激素水平的升高并不能完全代表它们的福利很差或遭受强烈的刺激，必须结合客观实际分析此类激素的升高原因。测量各种激素水平时还应该考虑应激反应的持续时间和不同刺激的反应程度的变化。

（3）行为指标。

家禽行为是最容易观察到的家禽应对环境变化的反应，有很多行为指标可以用来评价家禽福利。

通常可以采用偏爱性测试、厌恶测试、限制行为表现测试等方法，观察家禽为满足某种需求付出努力的程度、对厌恶刺激的反应程度以及环境受限时表现出的异常行为。偏爱性测试需要给予家禽充分的自由，但实验结果只能提供福利问题的相对信息和实验信息的相对结果。直接针对家禽特定福利问题开展偏爱性测试是非常有效的方法，如雏鸡会选择与机体适应温度相吻合的环境，但在某些情况下，家禽可能不表现出任何反应。另外，家禽对厌恶刺激的反应程度是否能够评价家禽福利还不能确定。

家禽受到环境限制时无法表现出正常行为，但它们仍存在表现这些行为的冲动，则会导致异常行为的出现。异常行为是异于常规的、异于种群内绝大多数表现的行为，如采食异常、性行为异常等。刻板行为是典型的异常行为，即反复的、无目的、机械性地重复某一动作，刻板行为是家禽福利差的主要行为表现之一。统计刻板行为发生的频率和强度，有助于明确家禽福利与禽舍环境的关系，当家禽长期受到限制，刻板行为就会出现。例如，在肉鸡养育过程中，为控制体重而采取限饲，常常导致啄食槽或饮水器乳头等。

2. 评价方法

科学评价家禽福利要考虑多种因素，需采用不同方法综合评价家禽福利。以下分别介绍了以家禽、生产者、消费者为基础的家禽福利评价方法。

（1）以家禽为基础的评价方法。

现代畜牧兽医科学能够提供许多与家禽福利水平相关的重要指标及参数。由于影响家禽福利状态的因素众多，因此准确评估家禽的福利水平，需要确定影响家禽福利的重要指标及参数，根据这些参数进行定性或定量评价。目前，产蛋率下降、免疫机能下降、皮质酮和催乳素水平的变化被认为可反映家禽福利水平低。这些指标的测定虽然简单，但这些指标之间并无协同性变化，其相对重要性也很难确定，因此，很难得出准确的结论。同时，伤害性刺激的类型、时间和持续时间以及家禽的种类、性别和生理状态都可能影响家禽对刺激的反应，时间、地点和个体也会影响测量结果，这些因素使评价家禽福利变得十分困难。

行为指标可以用来评价家禽的福利水平，如刻板行为的发生，这些行为大多通过监控摄像头进行远距离观察，记录各种行为的发生频率。以家禽为基础的评价方法受到诸多限制，需要研究者仔细设计实验才能得到各种生产条件下家禽福利状态的有效结果。对所有结果进一步分析后可增强研究的价值。

（2）以生产为基础的评价方法。

饲养环境和管理措施对家禽的福利、生产和健康有重要影响，以生产为基础的评价方法是测量家禽福利水平最实用的方法。

英国农业、渔业和食品部基于不同生产系统的家禽生产，提出了管理、鸡舍环境、鸡舍空间、饮食、疾病预防、疾病治疗和兽医操作评价指标，但没有给出这些指标的测定方法，只根据以下情况分为四类：完全遵守法律和生产指南为A类；完全遵守法律但不遵守生产指南为B类；不遵守法律为C类；引起家禽不必要痛苦为D类。《畜禽福利标准政策的经济评估：基础研究和框架发展》所用的指标多与畜禽行为、疾病状态和生产性能有关，评分采用百分制，根据每一项指标对畜禽福利总体水平的相对重要性进行加权，具有一定的可操作性。

以生产为基础评价家禽福利水平的缺点是此评价方法包含过多的主观因素，需要与相关生理数据、家禽健康与疾病发病率结合起来考虑。

（3）以消费者为基础的评价方法。

家禽福利问题不仅是畜牧兽医科学领域的问题，还受到消费者的影响。在消费者看来，家禽福利意味着自由放养的禽蛋或有机鸡肉，还包括一些隐含的信息，如生态环境保护、家禽业可持续发展和食品安全等。

以消费者为基础的评价方法，采用调查问卷的方式，询问消费者对于贴有动物福利标签的禽蛋和鸡肉是否认同，即可得出评价结果，同时将数据反馈给生产者，从而提出改善家禽福利的措施，扩大经济利益。但这种方法的缺点在于消费者对家禽福利的了解有限，可能与实际生产实践脱钩，造成结果的差异。理论上，可以通过向消费者提供关于各种生产系统中的家禽福利问题的精准的科学信息，从而做出正确的评价选择。此类方法是测试人们对某一事物的看法，用来测量家禽福利水平会受到主观限制。

二、家禽福利评价体系构建及原则

家禽福利评价体系是一个复杂的涉及多种家禽、多种指标、多种评价方法的系统问题，建立一个符合所有家禽的福利评价体系是不现实的。目前，家禽福利评价研究在国内还处于起步阶段，相关研究成果较少，而国外的家禽福利评价大多不适用于国内的畜牧业实际生产，因此建立具有科学性、可操作性和符合我国实际生产情况的评价体系尤为重要，只有这样才能更有效提高家禽福利水平。

这里主要参考林海等人编著的《家禽养殖福利评价技术》进行阐述。家禽福利评价体系以饲养、运输和屠宰环节为目标，由目标层、原则层、标准层和指标层四个层级构成。根据不同家禽的生物学习性，每个标准下设不同数量的评价指标。评价指标的选择基于宜少不宜多和宜集中不宜分散的原则，具有科学性、可操作性和实用性的特点。评价指标的选择从动物、管理和设施角度反映了家禽从"出生"到"出栏（或淘汰）"过程中的主要福利问题。

家禽福利评价体系构建原则包括以下几个方面：

（1）系统性原则。

家禽福利评价体系是一个复杂的系统问题，包含目标层、原则层、标准层和指标层四个层级。评价体系下的指标之间需要具有很强的逻辑性，而不是评价指标的堆积，要坚持整体性原则，对饲喂、鸡舍环境、疾病防控、行为、人鸡关系、宰前处置、击晕等指标进行综合研究。

（2）全面性原则。

家禽福利评价体系需要涵盖主要的家禽种类，并根据不同家禽的习性采用不同的评价指标，在标准层建立所有家禽都适用的评价体系。在其他层级下，针对不同家禽，采取不同的评价方法。

（3）科学性原则。

家禽福利评价体系必须建立在相关分支学科的研究基础上，要求各项指标定义明确、计算方便、有理有据，应选择经反复确认的、主要的关键性指标，指标数据还需要有科学的统计方法，同时要结合必要的实际生产考察，力争全面客观地反映家禽福利状况，得出科学的结论。

(4) 可操作性原则。

家禽福利评价研究是为了找出养殖场和屠宰场的主要福利问题，以期改善家禽福利水平，提高生产性能，保障禽产品品质。因此，构建的指标在实际生产中应具有很强的可操作性，尽可能选择有代表性的、从业人员熟悉的、容易获取的指标。

(5) 定性分析和定量分析相结合原则。

家禽福利评价体系是一个复杂的系统工作，每个指标的设定都有科学依据，但家禽福利的评价不可能做到完全客观，只有采用主观与客观、定性分析和定量分析相结合的方法，才能更加全面地反映家禽福利水平。

三、家禽福利评价体系框架的建立

基于家禽福利评价体系构建原则，林海等人确定了以饲喂条件—养殖设施—健康状态—行为模式四个原则为基础的涉及饲养、运输和屠宰环节的家禽福利评价体系，构建了家禽福利评价体系的总体框架，见表 5 - 1。

家禽福利评价体系按其属性和关系分为四个层次：第一层次为目标层，家禽福利评价研究的预定目标和理想结果；第二层次为原则层，实现家禽福利目标需要考虑的原则，即目标层的主要影响因素；第三层次为标准层，依据原则层的具体分类，设定评价标准；第四层次为指标层，评价标准层每个因素的具体指标。

表 5 - 1　家禽福利评价体系的总体框架

<table>
<tr><th>目标层</th><th>原则层</th><th>标准层</th><th>指标层</th></tr>
<tr><td rowspan="14">饲养、运输、屠宰环节家禽福利评价</td><td rowspan="2">良好的饲喂条件</td><td>无饲料缺乏</td><td>料位、禁食时间、瘦弱率</td></tr>
<tr><td>无饮水缺乏</td><td>饮水面积、禁水时间</td></tr>
<tr><td rowspan="3">良好的养殖设施</td><td>栖息舒适</td><td>羽毛清洁度、垫料质量、防尘单测试、栖架类型与有效长度等</td></tr>
<tr><td>温度舒适</td><td>热喘息率、冷战率、运输箱或待宰栏内的喘息频率</td></tr>
<tr><td>活动舒适</td><td>饲养密度、运输密度等</td></tr>
<tr><td rowspan="3">良好的健康状态</td><td>体表无损伤</td><td>胸囊肿、跛行、跗关节损伤、脚垫皮炎、鸡翅损伤、擦伤、龙骨畸形、皮肤损伤等</td></tr>
<tr><td>没有疾病</td><td>养殖场死淘率、运输死亡率、腹水症、脱水症、败血症、肝炎、心包炎、脓肿、眼病、呼吸道感染等</td></tr>
<tr><td>没有人为伤害</td><td>断喙、宰前击晕惊吓、宰前击晕效果</td></tr>
<tr><td rowspan="4">恰当的行为模式</td><td>社会行为表达</td><td>打斗行为、冠部啄伤、羽毛损伤</td></tr>
<tr><td>其他行为表达</td><td>室外掩蔽度、放养自由度、垫料的使用等</td></tr>
<tr><td>良好的人鸡关系</td><td>回避距离测试</td></tr>
<tr><td>良好的精神状态</td><td>定性行为评估、翅膀振动频率、新物体认知测试</td></tr>
</table>

四、福利评价指标权重的测定

1. 权重的确定方法

在家禽福利评价体系中，由于每一个指标对福利水平的影响不同，所以不同层级的指标对于评价家禽福利具有不同的权重。目前，主要通过定性和定量方法确定指标权重。主观判断评分法和德尔菲法是常见的定性方法，其中，主观判断评分法是根据专家个人经验和主观判断对各项评价指标进行分值分配的方法，这种方法具有片面性，结果不准确。德尔菲法也称专家调查法，将需要评价的问题以问卷的形式单独发放到评估专家手中，填写问卷征求意见，然后通过统计问卷结果，整理出综合意见，再将综合意见反馈给专家，再次征求意见，评估专家根据综合意见对自己原有的意见作适当的修改，最后再汇总。经过反复的征求意见、归纳和修改，最后得出一致看法，这种方法具有广泛代表性，较为可靠。

2. 福利评分的计算方法

福利评分的计算方法是分层级计算福利分值。具体方法是指标层，每项指标的权重系数乘以该项指标的评分，得到该指标的福利分值；标准层，该标准层下每项指标权重乘以相应的福利分值后相加，得到该标准的福利得分；原则层，该原则层下各项标准权重乘以相应的福利分值，相加得到该原则层的福利得分；目标层，原则层福利分值乘以相应的权重，相加得到目标层的福利得分。

3. 福利评价指标分值的确定

在家禽福利评价的四项原则中，首先，考虑的是家禽健康，家禽的机体健康是安全、高效生产的前提，只有保证家禽拥有健康的体质，才能考虑其他的福利问题，因此，健康状态的权重(0.3)理应最大(表5-2)。其次，我国家禽业在环境控制方面一直存在“短板”，以致优良鸡种的生产性能不能完全发挥，优质饲料的营养价值和科学防疫的实际效果不能充分体现，畜禽养殖环境控制已成为制约我国家禽健康养殖发展的重要因素，也是保障家禽生产环境的关键。因此，家禽舍饲与环境控制设施也被赋予较高的权重(0.3)。此外，良好的饲喂条件是保证家禽生产性能的另一个关键因素，饲料配合的科学全价化已经得到充分的重视，采食与饮水的充足供给是养殖场的基本要求，因此对于饲喂条件给予的权重为0.2。最后是行为模式，行为模式是反映家禽福利水平的重要指标，在过去的生产实践中常被忽视，导致异常行为和隐含的异常生理甚至病理状态的出现，在本评估体系中，家禽的行为模式被赋予0.2的权重。

表 5-2　福利评价原则层指标的权重

福利原则	权重
良好的饲喂条件	0.2
良好的养殖设施	0.3
良好的健康状态	0.3
恰当的行为模式	0.2

在每项原则下，根据生理或主观上的重要性，各项福利标准被赋予了不同的权重(表 5-3)。例如，在“良好的饲喂条件”这一原则下，根据水与饲料对家禽的相对重要性，赋予“无饮水缺乏”以较高的权重(0.6)，“无饲料缺乏”的权重则为 0.4；在“良好的养殖设施”这一原则下，“活动舒适”这一标准反映了家禽的活动空间和运行能力，关系到其采食、运动等方面的能力，因此被赋予较高的权重(0.5)，栖息是家禽的生物学特性之一，反映了家禽寻求适宜的休息区和休息方式，“栖息舒适”被认为比“温度舒适”更重要，因此赋予的权重为 0.3，而后者的权重为 0.2；在“良好的健康状态”这一原则下，包含了疾病状态和体表损伤两个方面的评价，“无疾病”反映了家禽代谢性疾病、传染性疾病等发病情况，在肉鸡福利评价系统中该指标被赋予了高的权重(0.6)，而体表损伤仅反映了家禽的外在损伤，因此“体表无损伤”被赋予了 0.4 的权重。

表 5-3　肉鸡福利评价标准层指标的权重

福利原则	权重	福利标准	权重
良好的饲喂条件	0.2	无饲料缺乏	0.4
		无饮水缺乏	0.6
良好的养殖设施	0.3	活动舒适	0.5
		栖息舒适	0.3
		温度舒适	0.2
良好的健康状态	0.3	体表无损伤	0.4
		无疾病	0.6
恰当的行为模式	0.2	良好的人鸡关系	0.2
		良好的精神表达	0.4
		其他行为的表达	0.4

五、福利评分计算与等级划分

家禽福利评估遵循由细节到整体的逻辑顺序，首先，根据福利指标信息计算标准得分；然后，整合标准分数计算原则得分；最后，按照原则得分划分福利等级。

1. 评分计算

在确定福利水平评分时，首先对各福利指标层的得分进行汇总，得到福利标准层的得分。然后，福利标准的每项指标的分数乘以相应权重，计算福利原则层的分数。标准评分和原则评分均采用百分制，其中，“0”分代表最坏状况（即最差的福利水平）；“50”分代表中等状况（即福利水平不好也不坏）；“100”分代表最佳状况（即最好的福利水平）。

2. 等级划分

根据每一福利原则的得分乘以相应权重，计算总体福利得分。福利原则评分均采用百分制，其中，“0”分代表最坏状况（即最差的福利水平）；“50”分代表中等状况（即福利水平不好也不坏）；“100”分代表最佳状况（即最好的福利水平）。根据总体福利得分划分福利等级，家禽福利等级可分为四类：优秀，即福利水平良好，总体福利得分 85 分以上（包含 85 分）；中等，即福利水平尚可，总体福利得分 70 分以上（包含 70 分）；合格，即福利水平满足最低需求，总体福利得分 55 分以上（包含 55 分）；不合格，即福利水平较差，总体福利得分低于 55 分。

第三节　动物福利壁垒

一、动物福利壁垒概念

随着国际贸易的发展和贸易自由化程度的提高，一些发达国家将动物福利理念引入国际贸易领域，将动物福利与贸易紧密联系在一起，并利用世界贸易组织（WTO）相关条款，对国际贸易产生影响。动物福利壁垒（animal welfare barrier）是指在国际贸易活动中，进口国以尊重和保护动物为由，通过制定和实施一系列歧视性、针对性的法律法规和动物福利标准，限制或禁止产品进口，从而达到保护本国产品和市场的目的。与传统的贸易壁垒不同，动物福利壁垒兼具技术性壁垒和道德壁垒的特征，在受金融危机影响时，动物福利壁垒已经成为一些发达国家实行贸易保护的有效武器。

动物福利壁垒有以下 3 个特点：

① 以尊重和保护动物为由。受传统文化的影响，西方发达国家的民众普遍具有较高的动物保护意识，以尊重和保护动物的名义设置贸易壁垒就比较容易被民众所接受和支持，在一些国家里，这样的政策措施可以顺利得到国会的通过。

② 以制定歧视性、针对性的法律法规和动物福利标准为手段。西方动物福利立法有较长的历史且发展较为完善，这些国家利用自己在国际上的话语权，制定出一些欠发达国家所

达不到的福利标准，积极地把动物福利向国际法领域推广。制定和推行动物福利法律法规和标准已经成为发达国家运用动物福利壁垒的重要手段。

③ 以保护国内产品和市场为目的。动物福利壁垒的真正目的在于保护本国产业和市场免受进口产品的冲击，而不是保护生态环境和人类健康。因此，判断某国贸易保护措施是否属于动物福利壁垒要看制定和实施这些动物福利标准的目的。如果某国制定和实施动物福利标准的目的是为了限制和禁止进口，保护国内产业和市场，则该国可以被认定为实施了动物福利壁垒。

二、动物福利壁垒效应

动物福利壁垒在国际贸易中的应用会产生两个方面的效应，即积极效应和消极效应。

1. 积极效应

动物福利的关注及相关规定的执行有利于提高畜禽产品品质、促进畜牧业健康发展、改善人们饮食健康、促进人类社会文明发展。按照国际贸易中关于动物福利的要求饲养、运输、管理及屠宰动物，可以减少非法添加剂、抗生素的摄入，保证动物在良好的环境中进行生产，动物内在的行为和生理需求均能得到满足，减少动物应激，从而提高畜禽产品品质。研究畜禽与人、环境的互作关系，关注畜禽福利要求，让人、畜禽和环境关系达到和谐统一，促进畜牧业健康可持续发展。现代科学研究已证实动物福利能通过影响畜禽产品品质影响人类健康。动物福利壁垒的积极作用有以下几个方面：

① 可以将一些有可能影响人体健康的动物源性食品拒之国门外，以保护本国的公共饮食健康。

② 可以引起在国际贸易中遭受动物福利壁垒的国家对动物福利问题的重视，采取措施来改善本国的动物福利，从而使这些国家的公共饮食健康得到提高。

③ 对那些没有遭受动物福利壁垒的国家也是一种警示作用，为了防止本国遭受动物福利壁垒，积极采取一些提高动物福利标准的措施，从而提高了本国的公共饮食安全。

④ 有利于社会文明建设。动物福利的价值理念，既具普遍性，也具独特性。普遍性的价值理念是由共同的或者类似的生活或生产方式决定的，而独特性的价值理念是由有关国家或地区特殊的经济、社会、文化发展状况与传统决定的。从动物福利价值理念的普遍性角度看，一个漠视生命价值的国度，即使在虐待动物的过程中获得了巨额的物质财富，它也很难获得国际文明社会的尊重，美国人伯格认为“残酷地对待活着的动物，会使人的道德堕落，一个民族若不能阻止其成员残酷地对待动物，也将面临危及自身和文明衰落的危险”。

2. 消极效应

动物福利壁垒也会产生不利于全球贸易自由化、不利于发展中国家经济发展的消极作用。动物福利壁垒的构成要件之一就是以保护国内产品和市场为目的。而作为一个国际贸易组织，WTO旨在于消除贸易障碍，促进贸易自由化，建立一个统一的、更富有活力和持久性的多边贸易体制，当一个国家以动物福利壁垒为工具，来限制别的国家出口，保护本国产业的时候，贸易自由化的原则便被动物福利壁垒所挑战。与传统的贸易壁垒不同，动物福利壁垒具有合法性的外衣与隐蔽性的特点，发展中国家不仅不容易逾越，而且此类贸易争端解决起来极为复杂。不仅如此，动物福利壁垒所具有的"道德壁垒"特征与一国的历史传统紧密相关，所以，动物福利壁垒对全球贸易自由化的不利影响是深远的。发展中国家的首要任务是发展本国的经济，提高本国人们的生活水平。对于发展中国家尤其应当强调其发展权，而发展权的核心是发展经济。实施动物福利壁垒的国家多为发达国家，他们通过设置较高的动物福利标准，限制动物产品进口。维护本国相关生产者的利益，保护本国动物相关产业市场。发展中国家大多数生产养殖技术水平欠佳，动物及其相关产品达不到发达国家制定的动物福利标准，因此，或是被拒之门外，或是加大额外成本投入，导致国际竞争力下降。又由于发展中国家动物福利立法不健全，在与发达国家进行贸易谈判时处于不利地位，发展中国家的贸易条件会进一步恶化，这样动物福利壁垒就拉大了发达国家和发展中国家之间的差距，而损害了发展中国家的经济利益，阻碍了其经济发展。

三、发展中国家应对动物福利壁垒的措施

发展中国家面临动物福利壁垒，一方面是由于发展中国家动物福利自身存在问题，动物福利意识不够和立法不完善；另一方面是一些国家以动物福利为借口滥用动物福利壁垒。因此，发展中国要突破面临的动物福利壁垒，就要针对问题，积极提高自身动物福利水平和动物产品国际竞争力，同时反对以贸易保护主义为目的的限制性贸易壁垒，发展中国家应对动物福利壁垒的措施主要有以下5个方面。

1. 加快动物福利立法建设

长期以来，一些国家关于动物福利的立法落后，严重阻碍了动物福利水平的提高。应当建立完善动物福利法律法规和动物福利标准，加强动物福利法律法规执行力度，确保动物福利法律法规和标准的实施。如1999年非洲纳米比亚实施纳米比亚畜禽肉品质保证计划，增强本国畜禽动物福利的执法力度，提高本国的肉品质，现在80%的牛肉主要用来出口，是非洲最大的牛肉出口国，主要出口欧洲及英国，并占据了英国牛肉总进口量的3%。

2. 加强文化建设，强化动物福利宣传

目前世界动物卫生组织越来越突出动物福利在国际贸易中的作用，一些国家面临动物福利壁垒主要原因是动物福利水平低下，虐待动物现象严重。为此，切实提高本国动物福利

水平是解决问题的关键。需要进一步加强文化宣传，提高国民动物福利意识，真正改善饲养、运输和屠宰过程中的动物福利水平。泰国在1999年实施了关于农场动物福利的准则，并且认识到实施动物福利，在出口中可以获得更高畜禽产品附加值，泰国的畜禽产品主要出口日本和欧洲。

3. 建立动物福利壁垒应对体系

当前许多发达国家建立了完善的动物福利壁垒体系，发展中国家要结合国际现状，根据国内实际情况，加强对动物福利壁垒的研究，为企业提供动物福利壁垒信息和向导，建立动物福利壁垒预警机制，加强国际合作与交流，反对以贸易保护为目的的动物福利壁垒。

4. 扶植龙头企业，实行标准化饲养，提高动物产品出口竞争力

要提高动物产品出口竞争优势必须改革畜牧业生产方式，培植龙头企业，实行产业化经营，提高动物福利标准。我国目前畜禽产品出口的企业主要是大中型企业，这些企业符合ISO 9002和食品安全管理体系（HACCP）的标准。

5. 成立行业协会，发挥畜禽行业协会部门的功能

行业协会的发展状况对企业在国际市场上的竞争力有着很大的影响。一方面，行业协会可以监督行业内动物福利标准的执行，加强行业自律；另一方面，行业协会可以通过各种渠道收集国际动物福利政策信息，建立相应的信息咨询服务网络，及时向企业和生产者提供经营决策依据。此外，在面临动物福利壁垒摩擦时，行业协会可以代表整个行业与贸易国进行磋商，必要时进行申辩和国际诉讼，以解决贸易争端。阿根廷于1985年成立了农业有机生产部门，及时了解并参与欧盟及国际农业有机生产联盟。现在新西兰、英国及德国是其主要的肉鸡进口国。

综上所述，动物福利壁垒对发展中国家畜禽等动物性产品出口贸易的不利影响已经越来越大。因此，发展中国家应重视动物福利研究，完善动物福利相关法律法规，并加强执法力度，推广合适的饲养模式，扶持与帮助中小型畜禽企业，改善饲养管理、运输、屠宰及环境等方面条件，力争与国际社会要求接轨，切实提高畜禽福利水平，努力提高畜禽产品的出口竞争力，同时应加快建立动物福利壁垒应对体系，加强行业协会的作用，提高应对动物福利壁垒的能力。

第四节 肉鸡福利和鸡肉品质及安全

全世界禽肉的供应量很大，因此，家禽福利与禽肉安全受到了管理部门和消费者的高度重视。

一、肉鸡管理福利与鸡肉品质及其安全

现代化的肉鸡场通常采用笼养、平地饲养的方式。饲养管理中的温度、光照、通风、垫料以及限饲都与其福利水平相关，也会对鸡肉的品质产生一定的影响。

饲养密度过大是肉鸡福利中最严重的问题。从出雏至6周龄屠宰，肉鸡一直生活在同栋鸡舍，身体体积不断增大而生活空间不变，使肉鸡活动空间越来越拥挤，可能导致腿病的增加，以及慢性皮炎、传染病的发生等。欧盟国家规定的饲养密度在22～42千克/米^3，丹麦和瑞典对饲养空间有法定的限制，英国和德国也有建议饲养密度。饲养密度过高，35日龄前肉鸡的平均日采食量、平均日增重和胸肉率，同时肉鸡腿病加剧。也有研究表明，增加饲养密度会提高鸡肉的滴水损失，但对其他的肉品指标无显著影响。

温度过高或过低会导致肉鸡出现热应激反应或冷应激反应，严重影响肉鸡的福利水平和健康。温度过高，肉鸡呼吸加快，食欲降低、饮水量增加，容易引发呼吸道疾病，导致雏鸡和育成鸡生长发育速度减慢，影响肉鸡健康。鸡体温升高会引起代谢改变，并导致氧化应激，肝脏对高的环境温度更敏感。有研究比较了常温（23℃）、持续高温（34℃）和循环高温（10:00至16:00为36℃，16:00至次日10:00为23℃）对肉鸡的肌肉代谢与肉品质的影响，结果表明，持续高温增加了肌肉内的乳酸浓度，肌肉的pH下降，最终导致肉品质下降。

适宜的光照时间和光照强度有助于肉鸡的健康，特别是自然光能够促进维生素D的合成，保证骨骼的正常发育。此外，正常光照可以促进肉鸡的活动，减少腿病的发生。光照过低会导致肉鸡体重降低以及眼病，而光照过度会导致肉鸡打斗，引起应激反应，降低肉品质。通过比较在胚胎发育期不同的单色光光照（黑暗对照、绿色光、蓝色光）对公鸡胸肌肉生产、化学成分以及肉品质的影响发现，绿色光能促进公鸡的体重、胸肌肉的生产及提高饲料转换效率，对肌肉的化学组成及肉品质影响不显著。不同单色光光照对肉鸡的肌肉品质及其抗氧化性能也有影响，绿色光能通过提高肌肉的抗氧化能力提高鸡肉的品质。

肉鸡接触性脚垫炎症（趾部皮肤炎）是肉鸡饲养中影响经济利益的重要因素，会导致肉鸡胴体降级，尤其是脚爪，当肉鸡染上接触性皮炎，皮肤会变黑、损坏和纤维化，严重时会出现跛行和次级感染。欧盟国家大多采用垫料方式饲养，Kenny指出接触性脚垫炎症的严重程度与垫料的含水量、氨含量和pH有关，并提出增加日粮中平衡的蛋白质水平或者降低能量水平会增加接触性脚垫炎症的发病率。使用垫料饲养时应注意及时清理和消毒垫料，防

止有害微生物的污染和疾病的传播。同时，潮湿的垫料可能会造成鸡舍氨气等有毒、有害气体含量增加。Cengiz 等人研究发现垫料的颗粒大小以及湿度对幼龄期肉鸡接触性脚垫炎症发病率及严重程度都有显著影响。Nawalany 等人研究了垫料温度对肉鸡生长性能及死亡率的影响，控温的方法是在早期给垫床加热，在最后周给垫床降温。结果显示，与通常情况比，肉鸡增重约 3%，降低饲料消耗约 3%，死亡率降低 50%。Simsek 等人报道，与木条垫床比较，具有较大空间的沙土垫床能降低鸡的接触性脚垫炎症的发生率，提高腿肉的蛋白含量，降低肉中的脂肪比例和胆固醇水平，提高血清中高密度脂蛋白的浓度。

限饲是饲养肉鸡常用的管理方式，可以防止肉鸡过肥，防止腿病、骨骼和心脏疾病的发生。但是，如果在肉鸡生长快速期进行不科学的限饲，会导致肉鸡长期处于饥饿状态，不能满足肉鸡正常生长发育的营养需要，甚至造成应激，降低肉品质。Simsek 等人研究发现，限饲可以增加肌肉中脂肪和饱和脂肪酸的比例，降低总多不饱和脂肪酸(PUFA)和 n－3 脂肪酸的比例。王佳伟等人研究结果表明，限饲降低了体重、平均日增重和腹脂率，提高血清超氧化物歧化酶(SOD)和尿酸(UA)水平，当 30%的能量限饲时，血清生化参数发生了很大的变化，说明在肉鸡快速生长阶段，限饲会引起严重的应激。

二、运输和屠宰福利与鸡肉品质及其安全

运输过程中引起的福利和肉质水平下降是家禽运输过程中关注的重要问题。在运输过程中高温、加速、颠簸、噪声、断水、断食等都是禽类产生运输应激的潜在因素。运输前要抓鸡装车，抓鸡的方式有两种，人工抓鸡和机械抓鸡，都会对鸡产生一定的应激。人工抓鸡方法应该是双手抱 1 只鸡，将鸡放到装载箱里按顺序并列放好，而一般情况下人工大多抓鸡的腿，一手抓 3～4 只，将鸡倒吊丢到装载箱里，有的甚至抓住鸡的脖子，这给鸡带来了很大的惊吓，使鸡感觉惊恐，同时，鸡在挣扎过程中还会受伤，影响屠宰后鸡只的完整性。热应激容易导致禽类在运输过程中死亡，有研究报道，运输过程中死亡的原因，除少部分是因为装车前已出现病症和捕捉损伤外，95%以上是运输过程的热应激导致的，并且常见于运输车辆的特定区域。热应激对禽类肉质也有一定的影响。生长速度快的家禽品种，其先天性肌病或诱发性肌病的发生率较高，对应激的敏感性也较大。这些疾病由于细胞内钙稳态改变，随后由于肌纤维的膨胀和组织血液供应不足，导致肌纤维膜完整性遭到损坏，同时还影响畜产品的质量。宰前紊乱的肌细胞代谢情况，细胞完整性、组织结构的破坏引起的氧化性损伤和肌病，大大影响了屠宰产品的质量，如形成白肌肉(PSE 肉)。长途运输使动物到达目的地时非常虚弱，有的因为途中拥挤出现打斗受伤的现象，甚至有些动物在运输途中会死亡。常见的多层高密度运载的方式，使动物无法自由站立活动，互相碰撞、打斗，造成损伤出血；上层的粪尿直接排到下层，掉在其他动物身上，使动物痛苦不堪。欧盟最新的有关运输福利的规定指出：将不间断运输的允许时间缩短为 9 小时，动物的休息时间延长至 12 小时，加强司机的

培训，规范动物的运输空间和供给饮水、饲料，禁止运输途中捆绑动物，禁止运输即将分娩的动物、新生幼畜和产蛋期的雌性禽类，要求参与运输的人员必须训练有素，并给合理的报酬以鼓励运输人员执行良好的操作规范。

宰前击晕是动物福利屠宰的基本要求，击晕效率与肉鸡的福利直接相关。现在大型屠宰场使用比较多的击晕方法是电击晕和气体击晕。大多数文献报道，气体击晕比电击晕能更好地保证禽类的福利和肉质水平。与电击晕相比，气体击晕显著降低了鸡胴体胸肉血斑的发生率，气体击晕的血斑发生率为18.8%，而电击晕的血斑发生率为61.8%，同时气体击晕还降低了屠宰后熟化2.5小时的剪切力，但对其他的肉品指标没有显著影响。电击晕的条件对肉鸡胴体品质也有影响，见表5-4。气体击晕方法中气体组成和梯度也直接影响禽类的福利水平并对胴体或肉品质产生影响，与高浓度（50%～60%）二氧化碳相比，低浓度的二氧化碳（30%～40%）组成的击晕气体有助于提高肉品质。

表5-4　电击电压和频率对肉鸡胴体品质的影响

电击处理		红化比率/%				翼静脉充血/%	骨骼受损度/%		胸肌出血度/%	
赫兹	伏	红翅尖	红尾综骨	翅关节	胸肌肉		喙	锁骨	表面	深度
60	20	—	—	—	—	33.3	—	—	6.7	6.7
60	40	—	6.7	6.7	—	60.0	—	6.7	6.7	13.3
60	80	20.0	13.3	20.0	13.3	73.3	6.7	20.0	13.3	6.7
60	100	26.7	—	20.0	—	86.7	—	13.3	20.0	26.7
200	40	20.0	—	6.7	—	40.0	—	—	—	—
350	40	13.3	—	—	—	40.0	—	6.7	—	6.7
500	40	6.7	—	6.7	—	53.3	—	—	—	—
1000	40	—	—	—	—	33.3	—	—	—	—
0	20	20.0	—	—	—	33.3	—	—	—	—

第六章　防疫与疾病防治

第一节　消毒

消毒是肉鸡养殖场生物安全措施的关键环节之一，一方面可以减少病原进入养殖场或鸡舍，另一方面可以杀灭已进入养殖场或鸡舍的病原。因此，消毒效果好坏直接关系到场外微生物能否传入鸡场。

1. 消毒设备

（1）高压清洗机。

高压清洗机主要用途是清洗鸡舍、饲养设备、车辆等，在水中加入消毒剂，可同时实现物理冲刷与化学消毒的作用，效果显著。

（2）高压喷雾装置。

喷雾消毒能杀灭养殖场内、鸡舍内灰尘和空气中的各种致病菌，大大降低鸡舍内病原体的数量，从而减少传染病的发生，提高养殖场的经济效益。

（3）保证消毒效果的措施。

近年来，标准化肉鸡养殖场借鉴其他行业经验，建立员工出入鸡场的消毒通道，配备药液喷淋、紫外线照射等设施，并要求员工在通道中停留足够时间，杜绝将病菌带入养殖区域。

2. 常用消毒剂

（1）卤素类消毒剂。

卤素类消毒剂主要包括含氯消毒剂和含碘消毒剂。含氯消毒剂是指在水中能产生具有杀菌作用的活性次氯酸的一类消毒剂，包括有机含氯消毒剂和无机含氯消毒剂（表 6－1）。含碘消毒剂常用的是复合碘和碘伏，能杀灭大肠杆菌、金黄色葡萄球菌、鼠伤寒沙门氏菌、真菌、结核分枝杆菌及各种病毒。复合碘稀释 100～300 倍后使用，可用于鸡舍、器械的消毒；碘伏按 1∶100 比例稀释，可用于饲养场地、鸡舍消毒。

表 6-1 无机含氯消毒剂和有机含氯消毒剂比较

项目	无机含氯消毒剂	有机含氯消毒剂
种类	漂白粉、漂白精、三合二、次氯酸钠、二氧化氯等	二氯异氰尿酸钠、三氯异氰尿酸钠、二氯海因、溴氯海因、氯胺 T、氯胺 B、氯胺 C 等
主要成分	次氯酸盐为主	氯胺类为主
杀菌作用	杀菌作用较快	杀菌作用较慢
稳定性	性质不稳定	性质稳定

(2) 酚类消毒剂。

酚类消毒剂多用一元酚，一般与其他类型消毒药混合制成复合型消毒剂，能明显提高消毒效果。复合酚又名菌毒敌、畜禽灵，含酚 41%～49%、醋酸 22%～26%，呈深红褐色黏稠液体，有特异臭味，可杀灭细菌、真菌和病毒，对多种寄生虫卵也具有杀灭作用。通常喷洒 0.35%～1%复合酚溶液，用于鸡舍、笼具、饲养场地、运输工具及排泄物的消毒等。

(3) 酸类消毒剂。

酸类消毒剂包括无机酸和有机酸两类。无机酸主要包括硝酸、盐酸和硼酸，有机酸包括甲酸、醋酸、乳酸和过氧乙酸等。最常用的过氧乙酸又名过乙酸，对细菌的繁殖体、芽孢以及真菌、病毒均具有杀灭作用。常用 0.5%过氧乙酸溶液喷洒消毒鸡舍、料槽和车辆等；0.3%的溶液用于带鸡消毒；每升饮用水中加入 1 毫升 20%过氧乙酸溶液，用于饮用水消毒。注意过氧乙酸稀释液应现用现配。

(4) 碱类消毒剂。

碱类消毒剂包括氢氧化钠、氢氧化钾、生石灰等碱类物质，对细菌的繁殖体、芽孢和病毒都有很强的杀灭作用。氢氧化钠，又叫烧碱、火碱、苛性钠，常用 1%～2%的氢氧化钠溶液对被鸡霍乱、鸡白痢等细菌和鸡新城疫等病毒污染的鸡舍、场地、车辆消毒；3%～5%的氢氧化钠溶液用于炭疽芽孢杆菌污染的场地消毒。

(5) 醇类消毒剂。

醇类随分子量增加杀菌作用增强，但是分子量太大的醇类水溶性不够，所以生产中常用乙醇(又名酒精)杀死繁殖性细菌、痘病毒等，以 70%～75%乙醇杀菌效果最强，常用于皮肤、注射针头及医疗器械的消毒。

(6) 醛类消毒剂。

醛类能使蛋白质变性，杀菌效果比醇类强，可杀死细菌、芽孢、真菌和病毒。常用的福尔马林，为含有 38%～40%甲醛的水溶液。规模化鸡场常用戊二醛类消毒剂，按 1∶150 比例稀释用于地面消毒。

(7) 季铵盐类消毒剂。

季铵盐是一种阳离子表面活性剂，副作用小，无色、无臭、无刺激性、低毒、安全。代表产品是新洁尔灭，又名苯扎溴铵，耐热、耐压，性质稳定，对金属、橡胶、塑料制品无腐蚀作用。0.1%新洁尔灭溶液用于消毒医疗器械、玻璃、搪瓷等，0.15%～2%新洁尔灭溶液可用于鸡舍的喷雾消毒。

另一种代表产品是百毒杀，为双链季铵盐类消毒剂，主要成分是10%的癸甲溴铵溶液，能杀灭肉鸡的主要病原菌、有囊膜的病毒和部分虫卵，有除臭和清洁作用。常用0.05%百毒杀溶液消毒鸡舍、用具和环境。将1毫升50%百毒杀溶液加入10～20升水中，可消毒饮水槽以及饮用水防治传染性疾病。

3. 消毒方法

（1）物理消毒法。

物理消毒法是指应用物理方法杀灭或清除病原微生物及其他有害生物的方法，包括以下几种：

① 清除消毒：通过清扫、冲洗、擦洗和通风、换气等手段达到消除病原体的目的，是最常用的消毒方法之一。具体步骤为彻底清扫→冲洗（高压水枪）→喷2%～4%氢氧化钠溶液→2小时后高压水枪冲洗→干燥。

② 煮沸消毒：利用沸水的高温杀灭病原体。常用于针头、金属器械、工作服等物品的消毒。煮沸15～20分钟可以杀死所有细菌的繁殖体。

③ 高压蒸汽灭菌：高压蒸汽灭菌是通过加热来增加蒸汽压力，提高水蒸气温度，达到缩短灭菌时间的效果。常用于玻璃器皿、纱布、金属器械、培养基、生理盐水等的消毒灭菌。

（2）化学消毒法。

化学消毒法是利用化学药物杀灭或清除微生物的一种方法，根据微生物的种类选择不同的药物。常用的化学消毒法有以下几种：

① 浸泡法：将一些小型设备和用具放在消毒池内，用药物浸泡消毒。用于料盘、饮水盘、试验器材等的消毒。

② 喷洒法：主要用于鸡舍地面及其周围环境的消毒，鸡舍内常用0.2%～0.3%过氧乙酸消毒，鸡舍周围环境用喷撒生石灰等方法消毒。

③ 熏蒸法：清洗消毒后的鸡舍，经过物理或化学消毒处理后，常用福尔马林等进行熏蒸，封闭消毒1～2天，彻底消灭鸡舍内的病原体。

（3）生物消毒法。

生物消毒法主要是指利用发酵方法来杀死鸡粪中的病原微生物，制备有机肥料。

第二节 疫苗选用和储存

1. 疫苗的选择

应根据当地疫病流行种类、流行程度、鸡群日龄大小及是否强化接种来确定疫苗的选择。对于从未发生过的疾病，不要轻易引入疫苗。流行疫情较轻、鸡群日龄小或初次免疫时选用弱毒疫苗，流行程度较严重、鸡群日龄大或加强免疫时选用毒性较强的疫苗。

各种疫苗在使用前和使用过程中，都必须按说明书上规定的条件保存。疫苗离开规定环境会很快失效，因此应随用随取，尽可能地缩短疫苗使用时间。

2. 疫苗的使用

冻干疫苗常采用点眼、滴鼻、饮水、喷雾等免疫途径，通过点眼、滴鼻等免疫时冻干苗应现配现用。饮水免疫前应当根据季节适当停水1～2小时，要控制带有疫苗的饮水在2小时内饮完。

灭活疫苗可根据鸡日龄选择颈部皮下、胸部浅层肌肉或大腿外侧肌肉注射免疫。

3. 商品肉鸡推荐免疫程序

应根据不同季节、雏鸡母源抗体水平、当地疫病流行状况等，制定合理的免疫程序，推荐免疫程序见表6-2。

表6-2 饲养42日龄肉鸡推荐免疫程序

日龄/天	疫苗种类	免疫途径	免疫剂量
5～7	新城疫-传支二联冻干疫苗	滴鼻、点眼	1.5头份/只
	新城疫-禽流感二联灭活疫苗	颈部皮下注射	0.3毫升/只
13～15	传染性法氏囊冻干疫苗（中等以上毒力）	饮水	1.5头份/只
19～21	新城疫冻干疫苗	饮水	2～3头份/只

第三节 常见疫病防治

1. 禽流感

（1）流行特点。

禽流感病毒（AIV）宿主范围广泛，包括家禽、水禽、野禽、迁徙鸟类和哺乳动物（人、猫、水貂、猪等)等均可感染。以直接接触传播为主,被患禽污染的环境、饲料和用具均为重要的传染源。

(2) 临床症状。

高致病性禽流感病毒(HPAIV)感染可导致鸡群突然发病和迅速死亡。鸡冠和肉垂水肿、发绀,边缘出现紫黑色坏死斑点,腿部鳞片出血严重。

(3) 病理变化。

急性死亡鸡体表状况良好,呼吸道、消化道病变,气管充血、出血,腺胃乳头出血,腺胃与食道交接处有带状出血,胰腺出血、坏死,十二指肠及小肠黏膜有片状或条状出血,盲肠扁桃体肿胀、出血,泄殖腔严重出血,肝脏肿大、出血。

(4) 防治措施。

免疫接种是目前我国普遍采用的预防禽流感的强有力措施。必须建立完善的生物安全措施,严防禽流感的传入。高致病性禽流感一旦爆发,应严格采取扑杀措施。封锁疫区,严格消毒。低致病性禽流感可采取隔离、消毒与治疗相结合的防治措施。一般用清热解毒、止咳平喘的中药,如大青叶、清瘟散、板蓝根等,抗病毒药物如病毒灵、金刚烷胺等对症治疗。此外,可以使用抗生素以防止细菌继发感染。

2. 新城疫

(1) 流行特点。

新城疫病毒(NDV)的宿主范围很广,鸡、火鸡、珍珠鸡及野鸡都有较高的易感性。病鸡和隐性感染鸡是主要传染源,可通过呼吸道和直接接触两种方式传播。

(2) 临床症状。

急性型新城疫多见于本病流行初期和雏鸡。病鸡体温 43～44℃,精神不振、卧地或呆立;食欲减退或废绝;粪便稀薄,呈黄白色或黄绿色;部分病鸡出现站立不稳、扭颈、转圈、腿翅麻痹等症状。

非典型新城疫临床表现以呼吸道症状为主,口流黏液,排黄绿色稀粪,继而出现歪头、扭脖或呈仰面观星状等症状。

(3) 病理变化。

急性型新城疫病鸡全身黏膜和浆膜出血,气管黏膜有明显的充血、出血;食道和腺胃交界处常有出血带或出血斑点;腺胃黏膜水肿;乳头及乳头间有出血点肠道黏膜密布针尖大小的出血点;肠淋巴滤泡肿胀,常突出于黏膜表面,盲肠扁桃体肥大、出血、坏死,直肠和泄殖腔黏膜充血、条状出血。

(4) 防治措施。

加强养殖场的隔离消毒和鸡群的免疫接种是预防新城疫的有效措施。一旦发生新城疫疫情,需及时深埋病死鸡,对环境消毒,防止疫情扩散。同时,对周围鸡群进行紧急疫苗接种。雏鸡可用新城疫Ⅳ系或克隆 30 疫苗,4 倍量饮水;中雏以上可以肌肉注射新城疫Ⅰ系、新城疫Ⅳ系或克隆30疫苗，4倍量饮水。

3. 传染性支气管炎

（1）流行特点。

传染性支气管炎（IBV）仅感染鸡，不感染其他家禽。传染性支气管炎分为呼吸型、肾型、肠型等不同的临床表现。其中2～6周龄的鸡最易感染肾型传染性支气管炎，成年鸡很少感染肾型传染性支气管炎。病鸡是主要的传染源。

（2）临床症状。

肉鸡感染传染性支气管炎后，主要表现为呼吸困难，有啰音或喘鸣音；感染肾型传染性支气管炎时，病鸡排白色稀粪，脱水严重，导致高达30%的死亡率。

（3）病理变化。

呼吸型传染性支气管炎的主要病理变化表现为气管环黏膜充血，表面有浆液性或干酪样分泌物，有时可见气管下段有黄白色痰状栓子堵塞。肾型传染性支气管炎的病理变化主要集中在肾脏，表现为双肾肿大、苍白，肾小管因聚集尿酸盐而使肾脏呈槟榔样花斑；两侧输尿管因沉积尿酸盐而变得明显扩张增粗。

（4）防治措施。

加强饲养管理，定期消毒，严格防疫，免疫接种。病鸡及时隔离，病死鸡及时进行无害化处理，加强饲养管理和卫生消毒，减少应激因素。对于肾型传染性支气管炎，可给予乌洛托品、复合无机盐及含有柠檬酸盐或碳酸氢盐的复方药物。

4. 传染性法氏囊病

（1）流行特点。

传染性法氏囊病（IBD）主要侵害2～10周龄的幼龄鸡群。病鸡是主要的传染源。传染性法氏囊病可通过直接接触病源污染物，经消化道传播。

（2）临床症状。

病鸡主要表现为精神不振，翅膀下垂，羽毛蓬乱，怕冷，在热源处扎堆，采食下降，排白色的水样粪便，肛门周围有粪便污染。病鸡发病后3～4天达到死亡高峰，呈峰式死亡，发病1周后，病死鸡数明显减少。

（3）病理变化。

病死鸡脱水，胸肌和腿肌有条状或线状出血；肌胃与腺胃交界处有溃疡和出血斑，肠黏膜出血；肾肿大、苍白；输尿管扩张，充满白色尿酸盐。感染初期，法氏囊充血、肿大，比正常大2～3倍，外被黄色透明的胶冻物，内褶肿胀、出血，内有炎性分泌物。

（4）防治措施。

加强饲养管理，实行全进全出的饲养制度，建立严格的卫生消毒措施。做好免疫接种，增强机体特异性的抵抗力。

必要时对发病鸡群进行新城疫的紧急疫苗接种，以防继发新城疫。治疗方案：一种是注射卵黄抗体，应在发病中期或早期使用；另一种是保守治疗法，将鸡舍温度提高 2～3℃，避免各种应激反应，使用抗生素防止细菌的继发感染。

5. 大肠杆菌病

（1）流行特点。

大肠杆菌病多发生于雏鸡，3～6 周龄内的雏鸡感染率较高。传播方式有垂直传播和水平传播两种。饲养管理不当以及各种应激因素均会促进本病发生。

（2）临床症状与病理变化。

大肠杆菌病可以多种形式发病。

① 脐炎：病雏虚弱扎堆，水样腹泻，腹部膨大，脐孔及其周围皮肤发红、水肿，脐孔闭合不全，呈蓝黑色，有刺激性恶臭味，死亡率达 10%以上。

② 败血症：多在 3～7 周龄的肉鸡中发生，死亡率 1%～10%，病鸡离群呆立或扎堆，羽毛无光泽，排黄白色稀粪，肛门污秽，病程 1～3 天。

③ 气囊炎：一般表现有明显的呼吸音，咳嗽、呼吸困难并发异常音。病理变化为胸、腹等气囊壁增厚不透明，灰黄色，囊腔内有数量不等的纤维性或干酪样渗出物。

④ 心包炎：出现大肠杆菌性败血症时可发生心包炎。心包炎常伴发心肌炎，心包膜肥厚、混浊，心外膜水肿，心包囊内充满淡黄色纤维素性渗出物，严重的心包膜与心肌粘连。

⑤ 肝周炎：肝脏肿大，肝脏表面有一层黄白色的纤维蛋白附着，肝脏变性，质地变硬，表面有许多大小不一的坏死点。严重者肝脏渗出的纤维蛋白与胸壁、心脏和胃肠道粘连，或导致肉鸡腹水症。

⑥ 全眼球炎：多发于鸡舍内空气污浊，病鸡眼炎多为一侧性，初期病鸡减食或废食，畏光、流泪、红眼，随后眼睑肿胀突起。

（3）防治措施。

加强环境卫生管理和饲养管理，消除导致本病发生的各种诱因。疫苗接种具有较好的免疫预防效果。采用本地区发病鸡群的多个菌株，或本场分离菌株制成的疫苗使用效果较好。在治疗该病时，最好先分离大肠杆菌进行药敏试验，然后确定治疗用药。

6. 鸡慢性呼吸道病

（1）流行特点。

鸡以 4～8 周龄最易感病，火鸡以 5～16 周龄易感病，成年鸡常为隐性感染。传播方式有水平传播和垂直传播两种。一年四季都可发生，但在寒冷季节多发。

(2) 临床症状。

病鸡食欲降低，流稀薄或黏稠鼻液，咳嗽、打喷嚏，眼睑肿胀、流泪，呼吸困难和气管啰音。随着病情的发展，病鸡可出现一侧或双侧眼睛失明。

(3) 病理变化。

病死鸡消瘦，病变主要表现为鼻道、副鼻道、气管、支气管和气囊的卡他性炎症，气囊壁增厚、混浊，有干酪样渗出物或增生的结节状病灶。严重时可见纤维素性肝周炎和心包炎。患角膜结膜炎的鸡，眼睑水肿，炎症蔓延可造成一侧或两侧眼球破坏。

(4) 防治措施。

加强饲养管理，保证日粮营养均衡；鸡群饲养密度适当，通风良好，防止阴湿受冷。定期用平板凝集反应进行检测，淘汰阳性反应鸡，以有效地去除污染源。弱毒活疫苗：目前，国际上和国内使用的活疫苗是F株疫苗。灭活疫苗：基本都是油佐剂灭活疫苗。链霉毒、土霉素、四环素、红霉素、泰乐菌素、壮观霉素、林可霉素、诺氟沙星、环丙沙星、恩诺沙星治疗本病都有一定疗效。

7. 鸡球虫病

(1) 流行特点。

病鸡是主要传染源，凡被病鸡污染过的饲料、饮水、土壤和用具等，都有卵囊存在。鸡感染球虫的主要途径是吃了感染性卵囊。饲养管理条件不良，鸡舍潮湿、卫生条件恶劣时，最易发病，而且往往迅速波及全群。

(2) 临床症状与病理变化。

急性盲肠球虫病：一般是在感染后4～5天，病鸡急剧地排出大量血便，明显贫血。血便一般持续2～3天，第7天起多数鸡停止血便。剖检病死鸡可见盲肠肿胀，充满大量血液，或盲肠内凝血并充满干酪样物质。

急性小肠球虫病：主要在小肠中段感染，感染后4～5天鸡突然排泄大量带黏液的血便，呈红黑色。剖检病死鸡可见小肠黏膜上有无数粟粒大的出血点和灰白色坏死灶，小肠内大量出血，有大量干酪样物质。

慢性球虫病：损害小肠中段，可使肠管扩张，肠壁增厚；内容物黏稠，呈淡灰色、淡褐色或淡红色。生前用饱和盐水漂浮法或粪便涂片查到球虫卵囊，或死后取肠黏膜触片或刮取肠黏膜涂片查到裂殖体、裂殖子或配子体，均可确诊为球虫感染。

(3) 防治措施。

加强饲养管理，保持鸡舍干燥、通风和鸡场卫生，定期清除粪便，进行堆放发酵以杀灭卵囊。免疫预防：生产中使用球虫疫苗时，须考虑使用多价疫苗，以获得全面的保护。药物防治：可供选择的药物很多，建议临床应用时交替使用不同的药物，以减少抗药性发生的概率。

第四节　实验室诊断技术

疾病发生后，首先调查鸡场发病日龄、数量、用药情况、鸡体外部特征（羽毛、面部、皮肤等），然后进行必要的剖检，检查各个脏器有无异常。标准化肉鸡场还需配备高水平的实验室，对细菌、病毒等进行检验。

1. 细菌检验技术

首先，无菌采集病鸡、病料进行细菌的分离培养，通过药敏试验，选择抑菌圈最大的抗生素，也就是对病原敏感性强的抗菌药物进行对症治疗。抑菌圈越大，该纸片代表的药物越敏感。

2. 快速全血平板凝集反应

某些微生物加入含有特异性抗体的血清或全血，在电解质参与下，经过一定时间，抗原与抗体结合，凝聚在一起，形成肉眼可见的凝块，这种现象称为凝集反应。快速全血平板凝集反应又称血滴法，在玻璃板或载玻片上进行，是传染性鼻炎、鸡白痢、鸡伤寒、鸡慢性呼吸道病等疾病检测的重要手段。

3. 琼脂免疫扩散试验（AGP）

琼脂免疫扩散试验的原理是可溶性抗原与抗体在含电解质的琼脂网状基质中自由扩散，并形成由近及远的浓度梯度，当适当比例的抗原、抗体相遇时，形成肉眼可见的白色沉淀。常用于鸡传染性法氏囊病、鸡马立克氏病、禽流感、禽脑脊髓炎、禽腺病毒感染等的诊断，以及抗体监测和血清学流行特点调查等。

4. 血凝和血凝抑制试验

某些病毒能够与人或动物的红细胞发生凝集，称之为红细胞凝集反应（HA）。这种凝集反应可被加入的特异性血清所抑制，即红细胞凝集抑制试验（HI）。在禽病中目前最常用作新城疫病毒、禽流感病毒、减蛋下降综合征病毒等的诊断和血清学监测。

5. 酶联免疫吸附试验（ELISA）

酶联免疫吸附试验是利用酶的高效催化作用，将抗原与抗体反应的特异性与酶促反应的敏感性结合而建立起来的，当标记的抗原或抗体与待检抗体或抗原分子结合时，即可在底物溶液的参与下，产生肉眼可见的颜色反应，颜色的深浅与抗原或抗体的量成正比，通过测定光吸收值可做定量分析。

6. 聚合酶链式反应（PCR）

聚合酶链式反应是一种选择性体外扩增 DNA 或 RNA 的方法。通过凝胶电泳或标记染料检测扩增产物，确定病原核酸的存在。

7. 胶体金免疫层析技术

氯金酸在还原剂作用下，可聚合成一定大小的金颗粒，即胶体金。预先将抗原或抗体固定在层析介质上，相应的抗体或抗原通过毛细泳动，当与胶体金标记的特异性蛋白结合后即滞留在该位区，金颗粒达到 107 个/毫米^2 时，即可出现肉眼可看的粉红色斑点。

第五节　制定鸡场管理制度

肉鸡标准化规模养殖场的管理制度一般包括鸡场规章制度、生产操作规程和生物安全制度。采用制度上墙的方式，严格执行，严格管理，用制度来管理和激励不同岗位人员的工作积极性，提高工作效率和经济效益。

1. 鸡场规章制度

肉鸡标准化规模养殖场要针对鸡场的实际情况，制定一套完整切实可行的规章制度，明确各个岗位的工作职责和考核办法，让所有职工的工作有章可循，奖罚分明（表 6－3）。

表 6－3　鸡场规章制度

序号	规章制度名称	职能
1	鸡场管理制度	对鸡场所有工作人员的工作要求和规范
2	技术员管理制度	对生产技术员和维修技术员岗位职责的规定和考核办法
3	财务管理制度	对鸡场财务和会计的管理及考核办法
4	采购制度	对采购员的岗位职责和采购程序的具体规定及考核办法
5	仓库管理制度	对仓库保管员的岗位职责和出入库管理的具体规定和考核办法
6	用药制度	对专业人员的兽药使用注意事项的规定及考核办法
7	饲料使用管理制度	对专业人员使用饲料注意事项的规定
8	档案管理制度	对档案管理员岗位职责和日常生产记录的规定和具体要求以及考核办法

2. 生产操作规程

针对每个岗位制定出详细的操作规程或程序，让职工明确各自的工作内容和步骤，有利于各项工作的标准化管理(表 6－4)。

表 6－4　生产操作规程

序号	规程名称	职能
1	进出场程序	规定进出场的路线及要求，避免交叉污染
2	饲养操作规程	对日常饲养操作进行规定，包括养殖设施维护等
3	光照程序	规定不同季节的光照时间和要求
4	免疫操作程序	对不同免疫方式操作的具体要求
5	无害化处理操作规程	病死鸡、兽医室和化验室无害化处理的操作步骤和要求
6	消毒程序	对鸡舍内外消毒的要求和注意事项

3. 生物安全制度

生物安全制度是鸡场生产管理的重点，要坚持“养重于防，防重于治”的原则，严格执行进场人员、车辆的消毒、病死鸡无害化处理等重要生物安全措施，减少交叉感染的机会。

第七章　废弃物无害化处理利用

第一节　粪污沼气处理

鸡粪经过发酵产生沼气，实现了资源化利用，也减少了病原微生物的传播，减少对环境的污染，生产的沼气可用于鸡场取暖、照明等，也可用于发电，是变废为宝的有效措施。

一、沼气的基本知识

1. 沼气及其产生过程

沼气是有机物质在厌氧环境中，在一定的温度、湿度和酸碱度的条件下，通过微生物发酵作用产生的一种可燃性气体。由于这种气体最初是在沼泽、湖泊、池塘中发现的，所以人们称其为“沼气”。沼气包含多种气体，主要成分是甲烷。沼气细菌分解有机物，产生沼气的过程，是沼气发酵。根据沼气发酵过程中各类细菌的作用，沼气细菌可以分为两大类：第一类为分解菌，它的作用是将复杂的有机物分解成简单的有机物和二氧化碳，其中专门分解纤维素的是纤维分解菌，专门分解蛋白质的是蛋白分解菌，专门分解脂肪的是脂肪分解菌；第二类为产甲烷菌，通常叫甲烷菌，它的作用是把简单的有机物及二氧化碳氧化或还原成甲烷。因此，有机物变成沼气的过程，就好像工厂里生产一种产品的两道工序：首先，分解菌将粪便、秸秆、杂草等复杂的有机物加工成半成品，生成结构简单的化合物；然后在甲烷菌的作用下，将简单的化合物加工成产品，即生成甲烷。利用鸡粪生产沼气的技术主要是沼气池工艺。

2. 沼气的成分

沼气是一种混合气体，它的主要成分是甲烷，还有二氧化碳、硫化氢、氮气及其他成分。沼气的组成中，可燃成分包括甲烷、硫化氢、一氧化碳和重烃等气体；不可燃成分包括二氧化碳、氮气和氨气等气体。在沼气中甲烷含量为55％～70％，二氧化碳含量为28％～44％，硫化氢含量为0.034％。

3. 沼气的理化性质

沼气是一种无色、有味、有毒、有臭味的气体，它的主要成分甲烷在常温下是一种无色、无味、无臭、无毒的气体。甲烷分子式是 CH_4，是 1 个碳原子与 4 个氢原子结合的简单碳氢化合物。甲烷与空气的重量比是 0.54，约比空气轻一半。甲烷溶解度很小，在 20℃、0.1 千帕时，100 单位体积的水，只能溶解 3 单位体积的甲烷。甲烷是简单的有机化合物，是优质的气体燃料，燃烧时呈蓝色火焰，最高温度可达 1400℃左右，纯甲烷每立方米发热量为 36.8 千焦。沼气每立方米的发热量约 23.4 千焦，相当于 0.55 千克柴油或 0.8 千克煤炭充分燃烧后释放出的热量。从热效率分析，每立方米沼气所能利用的热量，相当于燃烧 3.03 千克煤所能利用的热量。

二、沼气池的类型

随着我国沼气科学技术的发展和农村家用沼气的推广，根据当地使用要求和气温、地质等条件，沼气池有固定拱盖水压式、大揭盖水压式、吊管式水压式、曲流布料水压式、顶返水水压式、分离浮罩式、半塑式、全塑式和罐式。形式虽然多种多样，但是大多是由水压式沼气池、浮罩式沼气池、半塑式沼气池和罐式沼气池四种基本类型变化形成的。与“四位一体”生态型大棚模式配套的沼气池一般为水压式沼气池，它有 3 种不同形式。

1. 固定拱盖水压式沼气池

固定拱盖水压式沼气池有圆筒形、球形和椭球形三种池型。这些池型的池体上部气室完全封住，随着沼气的不断产生，沼气压力相应提高，不断增高的气压迫使沼气池内的一部分料液进入与池体相通的水压间，使得水压间的液面升高。因此，水压间的液面与沼气池体内的液面就产生了水位差，这个水位差就是水压（“U”形管沼气压力表显示的数值）。用气时，沼气开关打开，沼气在水压作用下排出；当沼气减少时，水压间的料液又返回池体内，使得水位不断下降，导致沼气压力也随之降低。这种利用部分料液来回窜动，引起水压反复变化来储存和排放沼气的池型，称为水压式沼气池。水压式沼气池是我国推广最早、数量最多的池型，是在总结“三结合”“圆、小、浅”“活动盖”“直管进料”“中层出料”等群众建池的基础上，加以综合提高而形成的。“三结合”就是厕所、猪圈和沼气池连成一体，人、畜粪便可以直接打扫到沼气池里进行发酵。

（1）固定拱盖水压式沼气池的优点。

① 池体结构受力性能良好，而且充分利用土壤的承载能力，所以省工省料，成本比较低。

② 适于装填多种发酵原料，特别是大量的作物秸秆，对农村积肥十分有利。

③ 为便于经常进料，厕所、猪圈可以建在沼气池上面，粪便随时都能打扫进池。

④ 沼气池周围都与土壤接触，对池体保温有一定的作用。

（2）固定拱盖水压式沼气池的缺点。

① 由于气压反复变化，而且一般在 4～16 千帕之间变化。这对池体强度和灯具、灶具

燃烧效率的稳定与提高都有不利的影响。

② 由于没有搅拌装置，池内浮渣容易结壳，又难于破碎，所以发酵原料的利用率不高，池容产气率（即每立方米池容积一昼夜的产气量）偏低，一般池容产气率每天仅为 0.15 立方米左右。

③ 由于活动盖直径不能加大，对发酵原料以秸秆为主的沼气池来说，大出料工作较困难。因此，出料的时候最好采用出料机械。

2. 中心吊管式沼气池

吊管式水压式沼气池是将活动盖改为钢丝网水泥进料、出料吊管，使其有一管三用的功能（代替进料管、出料管和活动盖），简化了结构，降低了建池成本，又因料液使沼气池拱盖经常处于潮湿状态，有利于其气密性能的提高。而且出料方便，便于人工搅拌。但由于新鲜的原料常和发酵后的旧料液混在一起，原料的利用率有所下降。

3. 无活动盖底层出料水压式沼气池

无活动盖底层出料水压式沼气池是一种变形的水压式沼气池。该池型将水压式沼气池活动盖取消，把沼气池拱盖封死，只留导气管，并且加大水压间容积，这样可避免因沼气池活动盖密封不严带来的问题。它由发酵间、储气间、进料口、出料口、水压间、导气管等组成。

（1）进料口与进料管。

进料口与进料管分别设在猪舍地面和地下。厕所、猪舍及收集的人、畜粪便，由进料口通过进料管注入沼气池发酵间。

（2）出料口与水压间。

出料口与水压间设在与池体相连的日光温室内。其目的是便于施用沼气肥，同时出料口随时放出二氧化碳进入日光温室内促进蔬菜生长。水压间的下端通过出料通道与发酵间相通。出料口要设置盖板，以防人、畜误入池内。

（3）池底。

池底呈锅底形状，在池底中心至水压间底部之间建“U”形槽，下返坡度 5%，便于底层出料。

（4）工作原理。

未产气时，进料管、发酵间、水压间的料液在同一水平面上；产气时，经微生物发酵分解而产生的沼气上升到储气间，由于储气间密封不漏气，沼气不断积聚，便产生压力。当沼气压力超过大气压力时，便把沼气池内的料液压出，进料管和水压间内水位上升，发酵间水压下降，产生了水位差，由于水压气而使储气间内的沼气保持一定的压力；用气时，沼气从导气管输出，水压间的水流回发酵间，即水压间水位下降，发酵间水位上升。依靠水压间水位的自动升降，使储气间的沼气压力能自动调节，保持燃烧设备火力的稳定；产气太少时，如果发酵间产生的沼气跟不上用气需要，则发酵间水位将逐渐与水压间水位相平，最后压差消失，沼气停止输出。

三、沼气池的设计

设计与模式配套的沼气池，制定建池施工方案，必须考虑以下几方面因素。

1. 土质

建造沼气池，选择地基很重要，这关系到建池质量和池子寿命，必须认真对待。由于沼气池是埋在地下的建筑物，因此，与土质的好坏关系很大。土质不同，其密度不同，坚实度也不一样，允许的承载力就有差异。而且同一个地方，土层也不尽相同。如果是沙性土或烂泥土，土层松软，池基承载力不大，在此处建池，必然引起池体沉降或不均匀沉降，造成池体破裂，漏水、漏气。一般自然土层，每平方米允许承载力都超过 10 吨，在这样的自然土层上建造沼气池是没有问题的。因此，池基应该选择在土质坚实、地下水位较低之处，土层底部没有地道、地窖、渗井、泉眼、虚土等隐患；沼气池与树木、竹林或池塘要有一定距离，以免树根、竹根扎入池内或池塘涨水时影响池体，造成沼气池漏水、漏气；北方干旱地区还应考虑沼气池离水源和用户都要近些，若沼气池离用户较远，不但管理（如加水、加料等）不方便，输送沼气的管道也很长，这样会影响沼气的压力，燃烧效果不好；此外，还要尽可能选择在背风向阳处建池。

2. 荷载

确定荷载是沼气池设计中一项很重要的环节。所谓荷载，是指单位面积上所承受的重量。如果荷载确定过大，设计的沼气池结构截面必然过大，结果用料过多，造成浪费；如果荷载确定过小，设计的沼气池承受力不足，就容易造成池体破裂。荷载的计算标准一般为池身自重（按混凝土量计算）每立方米为 2.5 吨左右，拱顶覆土每立方米为 2 吨左右，池内发酵原料每立方米容积为 1.2 吨左右，沼气池产气后池内每平方米受压为 1 吨左右。此外，经常出现在池顶的人、畜等压力以最大量考虑为 1 吨左右。所以，地基和承载力不能小于每平方米 8 吨。

3. 拱盖的矢跨比和池墙的质量

建造沼气池，一般都用脆性材料，受压性能较好，抗拉性能较差。根据削球形拱盖的内力计算，当池盖矢跨比在 1∶5.35 时，池盖的环向内力变成拉力的分界线；大于这个分界线，若不配以钢筋，池盖则可能破裂，因此，在设计削球形池拱盖时矢跨比（即矢高与直径之比，矢高指拱脚至拱顶的垂直距离)一般为 1∶(4～6);在设计反削球形池底时矢跨比为1∶8 左右(具体的比例还应根据池子大小、拱盖跨度及施工条件等决定)。注意在砌拱盖前首先要砌好拱盖的蹬脚,蹬脚要牢固,使之能承受拱盖自重、覆土和其他荷载(如畜圈、厕所等)的水平推力(一般说来,1 个直径为 5 米,矢跨比为 1∶5,厚度为 10 厘米的混凝土拱盖,其边缘最大拉力约为 10 吨),以免出现裂缝和下塌的危险;其次,池墙质量必须牢固。池墙基础(环形基础)的宽度不得小于 40 厘米(这是工程构造上的最小尺寸),基础厚度不得小于 25 厘米。一般基础宽度与厚度之比应在 1∶(1.5～2)范围内为好。

4. 池容计算

小型养鸡场一般采用干清粪,每天可收集的粪便及含水量见表 7-1。

表 7-1 鸡可收集的粪便及含水量

畜禽种类	体重/千克	日排粪量/千克	年排粪量/千克	含水量/%
鸡	1.5	0.1	36.5	70

$$V=(b\times n\times Ts\times HRT)/(r\times t\times m)$$

式中,b 为单位畜禽每天的平均排粪量,n 为养殖畜禽的数量,Ts 为畜禽粪便原料中干物质含量的百分比,HRT 为原料在池中的滞留天数,r 为发酵原料的浓度,t 为发酵料液比重,m 为池内装载的有效容积。

根据选定的工艺参数,由上述公式和表,计算的装置容积 V 与养殖规模 n 的关系为

$$V=cn,$$

式中,c 为畜禽类别系数,养鸡时,$c=0.025$。

四、效益分析

1. 社会效益

粪污发酵处理为解决养殖场普遍存在的粪尿流失、污染河道等问题找到了一条科学的出路,禽畜场周围的环境卫生也将因此得到很大程度的改善。将原来的污染物变成了有机肥,变废为宝。使用沼气工程出料作为有机肥料,可大大改善土壤的颗粒结构,加强土壤的肥力,增加农作物的产量,符合可持续发展战略的需要。同时,农作物的品质也大大提高,口感较好,化学污染少,营养价值高,符合“绿色、环保”的要求。此外,沼气示范工程的建设将降低温室气体的排放。

2. 生态效益

养殖场以沼气工程为纽带,把农村的养殖业、种植业和菜篮子工程结合一体,形成良性

循环系统。例如，沼气工程，粪便制取沼气，沼气发电照明，沼肥为优质肥料，发展了生态农业，提高了农产品产量和质量，同时发展塑料大棚蔬菜，使用沼气照明、增温、提供二氧化碳气体肥料，减少病虫害，是城乡“菜篮子”工程不可缺少的措施之一。多种经营项目连为一体，形成相互依存、相互促进的综合生产系统，当年建成，当年见效，形成一套高效生态农业系统。

粪污发酵处理实施过程中产生的废渣、废液等可作为有机肥施于农田、鱼塘，形成良性生态循环系统，可少施或不施农药和化肥，从而形成养殖与种植的良性循环模式；固体有机肥深受城市园林部门和花卉种植企业的欢迎，可以促进城市绿化和花卉产业的发展，美化城市环境，为创建文明卫生城市做出贡献，促进循环经济的发展，加快社会主义新农村建设。

3. 经济效益

沼气工程项目的运行不仅产生显著的社会效益和生态效益，而且给当地带来良好的经济效益。项目启动后，将畜禽场大量粪污变废为宝，转化为优质的有机肥，经过加工处理，可施于果园和农田，不仅节约了购买肥料的成本，而且使农作物质量和产量都有所提高，为农民创收提供了有利机会，可大大带动地方经济的增长。

第二节　沼液资源化利用

一、沼液概述

沼液是厌氧发酵的液体残留物，未经固液分离时呈半流体泥浆状，固液分离后上清沼液为深色悬浊液。经水解酸化菌、甲烷菌等微生物作用，沼液碳氮比大幅下降，pH 呈中性或微碱性。受发酵原料和处理工艺影响，沼液成分差异较大，但均含有丰富的氮、磷、钾等大量营养元素，钙、铁、锌、铜等微量营养元素，丰富的氨基酸、维生素、活性酶、激素等微生物代谢产物，以及大量未消化完全的原料碎屑、微生物菌体等。

二、沼液在农林牧渔业领域的资源化利用

沼液在农林牧渔业中的应用主要有沼液肥料、沼液浸种、沼液生物农药、沼液添加饲料以及沼液无土栽培营养液等，是直接的、低成本的资源化利用模式。研究与实践表明，沼液能够提高种子发芽率和生长水平，降低病虫害发生率，提高农产品的产量和品质，代替无土栽培的专业营养液，提高畜、禽、鱼和蛋、奶等副产品的产量和品质。

1. 沼液对动植物的营养作用

沼液中的氮、磷、钾等成分是植物生长必需的营养元素，钙、铁、锌、铜、锰等微量元素和

氨基酸、生长素、维生素等生物活性物质则可以刺激种子萌发、调节植物生长、增强植物抗性。沼液的营养成分丰富，有研究表明沼液除硝态氮和硫含量偏低外，其他营养元素均高于专用无土栽培营养液，并且沼液的营养成分多以速效态存在，易被植物吸收，以沼液作叶面肥为例，喷施24小时内，叶面可吸收喷施量的80%左右。但沼液用作叶面肥、浸种剂和配制无土栽培营养液时，须进行稀释，以调节电导率、改善还原性环境，过高浓度的沼液对植物生长和种子萌发有抑制作用。对动物的营养方面，沼液含有动物所需的可溶性氨基酸和铁、锌、铜等微量元素，含有能刺激畜禽生长发育、提高免疫力的维生素 B_{12}、叶酸、核黄素等活性物质，还含有改善动物肠道环境的有益微生物菌群。

2. 沼液对植物病害的抑制作用

沼液被认为是无污染、无残毒、无抗药性的“生物农药”，其防治病虫害的机理主要是由于沼液还原性物质多、氧化还原电位低，与害虫接触发生生理夺氧和运动去脂反应；沼液中 NH_4^+、赤霉素、吲哚乙酸、维生素B等对有害微生物有抑制作用；沼液中菌体分泌的特殊物质能够抑制有害病菌生长，驱除害虫，部分微生物菌种可通过竞争、拮抗和重寄生等作用抑制其他菌种生长；营养元素和生物活性物质提高作物抗病虫害的能力。

3. 沼液对动植物生长环境的改善作用

沼液含有的氮、磷、钾等营养元素可提高土壤肥力，含有的腐殖酸等有机质可促进土壤团粒的形成，含有的生物活性物质可增强微生物及酶活性，进而调节土壤理化性质，改善植物生长环境。沼液投入鱼塘，能促进浮游生物繁殖生长，提高水中溶解氧含量，减少泛塘发生，改善鱼类生长环境。

三、沼液在农林牧渔业领域应用的安全风险

受到原料和发酵过程影响，沼液的成分极其复杂。研究发现，沼液中含有大量微生物，甚至有害微生物；部分沼液样品中的重金属含量较高，甚至存在超标现象；畜禽排泄物厌氧发酵后四环素类抗生素和喹乙醇检出率较高。还有研究认为沼液可能含有二噁英、多环芳烃、氯化石蜡、酚类化合物、邻苯二甲酸酯等持久性有机物。农用过程中，沼液直接作用于土壤、农作物或畜禽等，与食物链接触密切，对食品安全、环境与生态安全具有潜在风险，因此，沼液对食品安全、土壤及地下水环境的影响备受关注，近年来也有学者开始研究沼液施用对大气环境的影响。

1. 沼液对食品安全的影响

研究普遍认为施用沼液不会造成农作物中硝酸盐、重金属等污染物超标，但铜、锌、砷等

重金属含量在一些农作物中有升高趋势，并且在高施灌水平下存在重金属含量接近标准限值的现象。沼液用作饲料添加剂时，猪肉品质能够达到国家食品卫生标准，重金属含量未见超标。

2. 沼液对土壤的影响

沼液对土壤的影响研究主要关注污染物的积累行为和沼液对土壤生物特性、理化性质的影响。研究认为，施用沼液不会造成土壤重金属超标，但发现有重金属积累现象，尤其是铜、锌含量在部分研究土壤中增高明显，同时施用沼液的土壤存在抗生素污染的风险。研究发现，沼液可显著提高土壤微生物总量和活性，并能增加土壤中部分酶的活性。研究还发现，沼液能够影响土壤 pH 和电导率，但结论差异较大，但普遍认为沼液不会引起甚至可减少土壤盐害现象。

3. 沼液对地下水环境影响

研究表明施用沼液可提高土壤渗滤液中氮、磷等营养盐的含量，尤其在植物生长缓慢时可造成氮、磷盈余，但也有研究表明，与复合肥相比，沼液引起的土壤渗滤液中氮、磷含量增加较低。

4. 沼液对大气环境影响

研究认为氨挥发不仅造成沼液的氮素损失，而且对大气环境产生不利影响。同时，沼液施用会影响土壤硝化-反硝化反应，进而干扰 NO 和温室气体 N_2O 的排放，但各研究中的影响效果并不一致。因现有研究的沼液施用对象(如作物种类、土壤类型等)、沼液来源以及污染物性质等各不相同，所以各研究的结论差异较大，对沼液在农林牧渔业领域应用安全性的认识存在争议。同时，沼液长期施用效应的研究严重缺乏，沼液中抗生素等有机污染物环境行为的研究也待深入进行，因此沼液安全性的评价尚不全面，未有定论。

第三节　病死鸡处理

一、焚烧法

焚烧法，是指将病死的畜禽堆放在足够的燃料上或放在焚烧炉中，确保获得最大的燃烧火焰，在最短的时间内实现畜禽尸体完全燃烧碳化，达到无害化的目的，并尽量减少新的污染物质产生，避免造成二次污染。工艺流程主要包括焚烧、排放物(烟气、粉尘)、污水等处理。焚化可采用的方法有柴堆火化、焚化炉和焚烧窖等。焚烧法又可分为直接焚烧法和碳化焚烧法。

1. 直接焚烧法

(1) 技术工艺。

① 可视情况对肉鸡尸体进行破碎预处理。

② 将动物尸体及相关动物产品或破碎产物，投至焚烧炉本体燃烧室，经充分氧化、热解，产生的高温烟气进入二燃室继续燃烧，产生的炉渣经出渣机排出。燃烧室温度不低于850℃。

③ 二燃室出口烟气经余热利用系统、烟气净化系统处理达标后排放。

④ 焚烧炉渣与除尘设备收集的焚烧灰烬应分别收集、储存和运输。焚烧炉渣按一般固体废弃物处理；焚烧灰烬和其他尾气净化装置收集的固体废弃物如属于危险级，则按危险废弃物处理。

(2) 操作注意事项。

① 严格控制焚烧进料频率和重量，使物料能够充分与空气接触，保证完全燃烧。

② 燃烧室内应保持负压状态，避免焚烧过程中发生烟气泄漏。燃烧所产生的烟气从最后的助燃空气喷射口或燃烧器出口到换热面或烟道冷风引射口之间的停留时间应不少于2秒。二燃室顶部设紧急排放烟囱，应及时开启。

③ 应配备充分的烟气净化系统，包括喷淋塔、活性炭喷射吸附、除尘器、冷却塔、引风机和烟囱等，焚烧炉出口烟气中氧含量为6%～10%(干气)。

2. 碳化焚烧法

(1) 技术工艺。

① 将动物尸体及相关动物产品投至热解碳化室，在无氧情况下经充分热解，产生的热解烟气进入二燃室继续燃烧，产生的固体碳化物残渣经热解碳化室排出。热解温度应不小于600℃，二燃室温度不小于1100℃，焚烧后烟气在二燃室停留不少于2秒。

② 烟气经过热解碳化室热能回收后，降至600℃左右进入排烟管道。烟气经过湿式冷却塔进行“急冷”和“脱酸”后进入活性炭吸附和除尘器，最后达标后排放。

(2) 注意事项。

① 应检查热解碳化系统的炉门密封性，以保证热解碳化室的隔氧状态。

② 应定期检查和清理热解气输出管道，以免发生阻塞。

③ 热解碳化室顶部需设置与大气相连的防爆口，热解碳化室内压力过大时可自动开启泄压。

④ 应根据处理物种类、体积等严格控制热解的温度、升温速度及物料在热解碳化室里

的停留时间。

二、化制法

化制法是指将畜禽尸体或其废弃物在高温、高压灭菌处理的基础上，再进一步处理的过程（如化制成肥料、肉骨粉和工业用油等），包括干化法（热蒸汽不直接和病死畜禽尸体接触，而循环于夹层中）和湿化法（高温、高压下饱和蒸汽直接与病死畜禽尸体接触）。

1. 干化法

（1）技术工艺。

① 可视情况对动物尸体及相关动物产品进行破碎预处理。

② 动物尸体及相关动物产品或破碎产物输送入高温、高压容器。

③ 处理物中心温度不小于 135℃，压力不小于 0.25 兆帕（绝对压力），时间不少于 30 分钟（具体处理时间随需处理动物尸体及相关动物产品或破碎产物种类和体积大小而设定）。

④ 加热烘干产生的热蒸汽经废气处理系统后排出。

⑤ 加热烘干产生的动物尸体残渣传输至压榨系统处理。

（2）操作注意事项。

① 搅拌系统的工作时间应以烘干剩余物基本不含水分为宜，根据处理物量的多少，适当延长或缩短搅拌时间。

② 应使用合理的污水处理系统，有效去除有机物、氨、氮，达到国家规定的排放要求。

③ 应使用合理的废气处理系统，有效吸收处理过程中动物尸体腐败产生的恶臭气体，使废气排放符合国家相关标准。

④ 高温、高压容器操作人员应符合相关专业要求。

⑤ 处理结束后，需对墙面、地面及其相关工具进行彻底清洗、消毒。

2. 湿化法

（1）技术工艺。

① 可视情况对动物尸体及相关动物产品进行破碎预处理。

② 将动物尸体及相关动物产品或破碎产物送入高温、高压容器，总质量不得超过容器总承受力的 4/5。

③ 处理物中心温度不小于 160℃，压力不小于 0.6 兆帕（绝对压力），处理时间不小于 4 小时（具体处理时间随需处理动物尸体及相关动物产品或破碎产物种类和体积大小而设

定)。

④ 高温、高压结束后，对处理物进行初次固液分离。

⑤ 固体部分经破碎处理后，送入烘干系统；液体部分送入油水分离系统处理。

(2) 操作注意事项。

① 高温、高压容器操作人员应符合相关专业要求。

② 处理结束后，需对墙面、地面及其相关工具进行彻底清洗、消毒。

③ 冷凝排放水应冷却后排放，产生的废水应经污水处理系统处理达标后排放。

④ 处理车间废气应通过安装自动喷淋消毒系统、排风系统和高效微粒空气过滤器(HEPA过滤器)等进行处理，达标后排放。

三、掩埋法

1. 直接掩埋法

(1) 选址要求。

选址时应注意选择地势高燥，处于下风向的地点；远离动物饲养厂(饲养小区)、动物屠宰加工场所、动物隔离场所、动物诊疗场所、动物和动物产品集贸市场、生活饮用水源地；远离城镇居民区、文化教育科研等人口集中区域，远离主要河流及公路、铁路等主要交通干线。

(2) 技术工艺。

① 掩埋坑体容积以实际处理动物尸体及相关动物产品数量确定。

② 掩埋坑底应高出地下水位1.5米以上，要防渗、防漏。

③ 坑底洒一层厚度为0.6～37.5毫米的生石灰或漂白粉等消毒药。

④ 将动物尸体及相关动物产品投入坑内，最上层距离地表1.5米以上。

⑤ 生石灰或漂白粉等消毒药消毒。

⑥ 覆盖距地表0.6～22.5厘米，厚度不少于1～1.2米的覆土。

(3) 操作注意事项。

① 掩埋覆土不要太实，以免腐败产气造成气泡冒出和液体渗漏。

② 掩埋后，在掩埋处设置警示标识。

③ 掩埋后，前两周应每天巡查1次，第3周起应每周巡查1次，连续巡查3月，掩埋坑塌陷处应及时加盖覆土。

④ 掩埋后，立即用氯制剂、漂白粉或生石灰等消毒品对掩埋场所进行彻底消毒。第1周应每天消毒1次，第2周起应每周消毒1次，连续消毒3周以上。

2. 化尸窖

(1) 选址要求。

畜禽养殖场的化尸窖(图 7－1)应结合养殖场地形特点,宜建在下风向;乡(镇、村)的化尸窖选址应选择地势较高,处于下风向的地点;应远离动物饲养厂(饲养小区)、动物屠宰加工场所、动物隔离场所、动物诊疗场所、动物和动物产品集贸市场、泄洪区、生活饮用水源地、居民区、公共场所,以及主要河流、公路、铁路等主要交通干线。

图 7－1 病死鸡化尸窖

(2) 技术工艺。

① 化尸窖应为砖和混凝土结构,或钢筋和混凝土密封结构,应防渗、防漏。

② 在顶部设置投置口,并加盖密封加双锁,设置异味吸附、过滤等除味装置。

③ 投放前,应在化尸窖底部铺洒一定量的生石灰或消毒液。

④ 投放后,对投置口、化尸窖及周边环境进行消毒。

⑤ 当化尸窖内动物尸体达到容积的 3/4 时,应停止使用并密封。

(3) 操作注意事项。

① 化尸窖周围应设置围栏,设立醒目警示标志以及专业管理人员姓名和联系电话公示牌,设专人管理。

② 应注意化尸窖维护,发现化尸窖破损、渗漏应及时处理。

③ 当封闭化尸窖内的动物尸体完全分解后,应当对残留物进行清理,清理出的残留物进行焚烧或者掩埋处理,化尸窖进行彻底消毒后,方可重新启用。

四、发酵法

(1) 技术工艺。

① 发酵堆体结构形式主要分为条垛式和发酵池式。

② 处理前,在指定场地或发酵池底铺设 15 厘米厚辅料。

③ 辅料上平铺动物尸体或相关动物产品,厚度不小于 15 厘米。

④ 覆盖 15 厘米辅料,确保动物尸体或相关动物产品全部被覆盖。堆体厚度随需处理动物尸体和相关动物产品数量而定,一般控制在 2～3 米。

⑤ 堆肥发酵堆内部温度不小于 54℃,1 周后翻堆,3 周后完成。

⑥ 辅料为稻糠、木屑、秸秆、玉米芯等混合物,或稻糠、木屑等混合物中加入特定生物制

剂预发酵后的产物。

(2) 操作注意事项。

① 因重大动物疫病及人畜共患病死亡的动物尸体和相关动物产品不得使用此种方式进行处理。

② 发酵过程中,应做好防雨措施。

③ 条垛式堆肥发酵应选择平整、防渗的地面。

④ 应使用合理的废气处理系统,有效吸收发酵过程中动物尸体和相关动物产品腐烂产生的恶臭气体,使废气排放符合国家相关标准。

第四节　微生物发酵床技术

微生物发酵床技术是根据微生态和生物发酵理论,从土壤或样品中筛选出功能微生物菌种,通过特定营养剂的培养形成微生物原种,将原种按一定比例掺拌锯末、谷壳、木屑等材料,然后控制一定的条件让其发酵成优势群落,最后制成有机垫料。将这些垫料在养殖大棚内铺设成一定厚度的发酵床,使垫料和粪尿充分混合,通过微生物的分解发酵,使粪尿中的有机物得到充分的分解和转化,最终达到降解、消化粪尿,除异味和无害化的目的。整个养殖过程无废水排放,发酵床垫料淘汰后可作为有机肥出售。根据发酵床所处的位置,微生物发酵床养殖又可分为室内发酵床(又称原位发酵床)以及室外发酵床(又称异位发酵床)两种模式。

1. 原理

在我们生活的大自然里,生活着各种各样的细菌,它们属于微生物。这些微生物一部分是有益的,一部分是有害的。EM 菌就是当地多种微生物的混合群,EM 菌有生命力和适应性,有很强的分解能力。把 EM 菌放到鸡舍里面,通过 EM 菌来分解鸡粪,达到鸡粪零排放的目的。

鸡的消化肠道比较短,粪便中还有 70%左右的有机物没有被分解,如果不及时分解,会变质发臭。鸡排出粪便后,被发酵床上的 EM 菌分解成了菌体蛋白,鸡还可以吃这些菌体蛋白补充营养,减少饲料的喂养量。鸡舍里产生的臭气称之为“氨气”,鸡舍里的氨气多了后,就影响鸡的健康,诱发呼吸道疾病。呼吸道疾病轻则造成鸡采食量下降,产蛋量减少,重则导致其死亡。EM 菌能有效除臭,充分分解粪便,减少鸡舍的氨气量,鸡舍就不会再产生难闻的臭味。粪便分解的同时,也能够有效地防止寄生虫的感染,减少鸡的发病率。

2. EM 菌防治家禽疾病的作用机理

科学证明,动物经长期的自然选择,身体的各器官部位形成不同的正常微生物群落,这些群落具有特征的种属，在其繁殖过程中有定位、定量、定性的结构。某些因素如大量应用抗生素、化学药物和外源干扰等，会扰乱或破坏这种微生态平衡，导致微生态失调。EM菌的特点就是具有调整微生态失调的作用，可使动物从病态恢复到正常状态。EM菌的防病原理可能是由于多种作用综合的结果。

（1）屏障作用。

EM菌中含有光合细菌、乳酸菌和酵母菌等多种有益微生物，进入禽体后能迅速繁殖，一方面可抑制其他有害微生物的生长，另一方面可以在宿主体内形成正常微生物菌群，并为宿主合成多种重要的维生素、抗病毒物质、促生长因子等活性物质，能有效增强机体的抗病能力。EM菌是通过争夺细菌生存空间和营养等来抑制病菌；定期投喂一定量的EM菌，繁殖有益菌，可抑制有害菌，协调肠道菌群间的关系。EM菌不仅对细菌病有抑制作用，对病毒法氏囊病也有一定的抑制作用。

（2）激活巨噬细胞的作用。

巨噬细胞是禽体免疫系统中一类重要的细胞，但需要经过激活，才能发挥其最大的生物效应。EM菌中的细菌及细菌壳在激活巨噬细胞过程中起重要作用，从而提高机体对病原微生物的抵抗能力并传递给淋巴细胞以引起免疫应答能力。

（3）抗感染作用。

促使消化道或淋巴结中T细胞的数量增加和非特异性免疫反应的增强，从而降低了经口感染致病微生物的可能性。同时，还能有效地清除抑制免疫反应的抗原和血液中抗体抗原复合物，提高禽体免疫能力。

（4）抗腐败作用。

EM菌成品pH3.5左右，主要成分为乳酸，还含有醋酸及其他有机酸。乳酸有抗腐败作用，其进入鸡体内，可减少氨及其他腐败物质的生成，使肠内容物、粪便和静门脉中的氨量下降，肠内容物中的甲酚和吲哚等恶臭物质减少，从而减少粪便产生的臭气，净化畜舍环境，减少应激刺激。张龙现等人研究表明空气中较低的氨含量（约14毫克/升）和较高的二氧化碳浓度（约4%），球虫病的发病率分别降低2/3和3/4。

（5）促消化作用。

EM菌能促进食物消化、制造营养物质（如氨基酸、维生素），降低胆固醇，产生多种有利于饲料消化、分解和吸收的酶和维生素等物质，抑制内毒素产生，促进健康。中国农业大学研究者用EM菌饲喂蛋鸡，试验结果表明：喂养400天，鸡的平均死亡率比对照组降低35.5%；其中1～6周龄降低80%，7～20周龄降低58.6%，21～57周龄降低14.4%。

3. 微生物发酵床制作

不同类型的发酵床制作方法有所不同，干撒式发酵床的制作方法如下：

① 稀释菌种。干撒式发酵床发酵菌剂每千克可铺鸡床 15～20 平方米，按 1∶5 比例与米糠、玉米粉或麸皮不加水混匀，目的是增加泼撒量，均匀地撒入垫料。

② 垫料准备。面积 20 平方米的鸡床约需锯末 8 立方米，稻壳、粉碎的稻草或秸秆都可以代替，厚度在 5～10 厘米。若用稻草或者秸秆，需切成 1～2 厘米。首先将预先准备好的稻壳、锯末混合后充分搅拌均匀(锯末与稻壳比为 3∶7)。锯末、稻壳、粉碎的稻草或秸秆必须无毒、无害，去杂、晒干后再用。

③ 播撒菌种。可以采用边铺边撒，也可混匀后再铺，切记不加水。最上面一层菌种铺撒量较多。

④ 铺足垫料。鸡床要求锯末厚度 40 厘米，锯末不易得到时可部分用稻壳、花生壳、秸秆代替，铺在发酵床底部，床表面 15～20 厘米仍要用锯末。

⑤ 放鸡入床。铺好后就可以把鸡放进去，保持表面干燥，需要时可以先撒少量水，以奔跑不起扬尘为宜。

4. 发酵床养鸡优势

① 降低运营成本。节省人工，无须每天清理鸡舍。

② 节省饲料。鸡粪在发酵床上一般只需 3 天就会被微生物分解，粪便给微生物提供了丰富营养，促使有益菌不断繁殖，形成菌体蛋白，鸡吃了这些菌体蛋白不但能补充营养，还可提高免疫力。另外，由于鸡的饲料和饮水中也配套添加微生态制剂，在胃肠道内存在大量有益菌，这些有益菌中的一些纤维素酶、半纤维素酶类能够分解秸秆中纤维素、半纤维素等，采用这种方法养殖，可以增加粗饲料的比例，减少精料用量，从而降低饲养成本。据生产实践，节省饲料一般都在 10%以上。

③ 降低药费成本。鸡生活在发酵床上，不易生病，减少医药成本。

④ 垫料和鸡粪混合发酵后，变成优质的有机肥。

⑤ 提高鸡肉、鸡蛋的品质，更有市场竞争优势。

第五节　鸡粪发酵生产有机肥

1. 鸡粪的主要成分

由于鸡饲料的营养浓度高，而鸡不能咀嚼且消化道短，消化能力有限，对饲料的消化吸收率低，40%～70%未被吸收的营养物随鸡粪排出体外。因而在鸡粪中含有大量未被鸡消化吸收而又可以被其他动植物所利用的营养成分，尤其是雏鸡粪中含量更高。鸡粪中的粗蛋白含量是常规饲料的 2 倍多。鸡粪中各种必需氨基酸齐全，还含有钙、磷、铜、铁、锰、锌、镁等丰富的矿物质元素和氮、磷、钾等主要植物养分。

2. 鸡粪堆肥

鸡粪采用集中堆积生物发酵，农牧结合的方式进行还田循环利用，是目前鸡粪处理利用的主要方式。

(1) 概述。

堆肥化是畜禽粪污无公害处理的一种方法，是指在一定的温度、湿度、碳氮比和通风条件下，利用自然界广泛分布的细菌、放线菌、真菌等微生物的发酵作用，促进微生物降解的畜禽粪污向稳定性的腐殖质转化的过程。堆肥化的产物称为堆肥，是一种深褐色、质地疏松、有泥土气味的物质，类似于腐殖质土壤，故也称为腐殖土，是具有一定肥效的土壤改良剂和调节剂。

堆肥按不同的分类方法又可分为不同类型。按需氧程度可分为好氧堆肥和厌氧堆肥；按温度可分为中温堆肥和高温堆肥；按技术可分为露天堆肥和机械密封堆肥；从具体的技术区分，又可分为条垛式堆肥法、槽式堆肥法、翻堆塔堆肥法、袋装堆肥发酵法。

出于经济成本的考虑，一般采用的是好氧堆肥和厌氧堆肥两种方法。

好氧堆肥(图 7-2)是使固体畜禽粪便在有氧条件下利用好氧微生物的作用达到稳定化(有机质分解、腐殖质形成)、无害化(病原性生物失活)，转变为有利于土壤性状改良并对作物生长有益和容易吸收的有机肥方法。对于畜禽粪便，这种方法是一种制取农肥的传统技术，应用广泛。

厌氧堆肥是使固体畜禽粪便在厌氧微生物的作用下达到稳定化并得到有利用价值的产物，包括厌氧堆肥、发酵产沼气等。这种方法相对简单、省工，但所需时间较长，并伴随多种臭气，而且发酵产沼气对环境温度有一定的要求。

图 7-2　好氧堆肥

(2) 好氧堆肥的作用过程。

好氧堆肥的作用过程可分为升温期、高温期和熟化期 3 个阶段。

① 升温期。在此阶段，常温好氧微生物会将粪便中的淀粉、糖类等物质分解，同时放出热量，使堆肥发酵温度升高。当温度超过 25℃时，中温菌类进入旺盛的繁殖时期，开始分解有机物，经过 20 小时就能升到 50℃，升温期菌类主要以芽孢菌和霉菌等嗜温好氧菌类为主。

② 高温期。当温度升高到 60～70℃时，堆肥发酵温度进入高温期，这时高温菌代替了常温菌成为优势菌种，而且高温加速了粪便中的蛋白质、脂肪及碳水化合物如纤维素、半纤维素等的分解，腐殖质开始形成。当温度升高到 70℃以上时，大量的嗜热菌死亡、酶的活性大大减弱；温度低于 70℃时，休眠的微生物又重新开始活跃起来产生热量。如此反复几次。在此期间，粪便中的虫卵和病原菌均因高温死亡。

③ 熟化期。当高温持续一段时间后，易于分解的有机物大部分分解，剩下的是木质素等较难分解的有机物及新形成的腐殖质。这时微生物活动减弱、产热减少、温度下降，常温微生物又成为优势菌种，残余物进一步分解，腐殖质继续积累。

(3) 堆肥化主要工艺流程。

堆肥化的主要流程包括预处理，一次发酵，二次发酵，后处理，贮存。

原料的预处理：包括分选、破碎以及含水量、碳氮比的调整。首先去除废物中的金属、玻璃、塑料和木材等杂质，并破碎到 40 毫米左右的粒度，然后选择堆肥原料进行配料，以便调整水分和碳氮比。

原料的发酵阶段：一次发酵是好氧堆肥的中温与高温 2 个阶段的微生物代谢过程，具体从发酵开始，温度逐步升高，达到最高温后，温度开始下降，一般需要 10～12 天，高温阶段持续时间较长。二次发酵是指物料经过一次发酵后，还有一部分易分解和大量难分解的有机物存在，需将其送到后发酵室，堆成 1～2 米高的堆垛进行二次发酵并腐熟，当温度稳定在 40℃左右时即达腐熟，一般需 20～30 天。

图 7－3 肥料过筛和包装

后处理阶段：对发酵熟化的堆肥进行处理(图 7－3)，进一步去除堆肥中前处理过程中没有去除的杂质和进行必要的破碎过程，经处理后得到的精制堆肥含水量在 30%左右，碳氮比为15～20。

储存阶段:储存是指堆肥处理后必须加以堆存管理,一般可直接存放,也可装袋存放。储存时要注意保持干燥通风,防止闭气受潮。

(4) 堆肥的影响因素。

① 碳氮比和氮磷比。碳氮比和堆肥温度有关,原料碳氮比高,细菌和其他微生物的生长受到限制,有机物的分解速度慢、发酵过程长。一般认为堆肥碳氮比为25～30最佳。过高的碳氮比会使微生物缺乏氮元素而无法生长,使堆肥进展缓慢;过低的碳氮比会使微生物生长过快,导致局部厌氧,散发出难闻气味,同时溢出大量的氨气,会降低堆肥的质量。所以堆肥时一般碳氮比控制在25～40较好。

② 有机质的含量。有机物是微生物赖以生存和繁殖的重要因素。研究表明,在高温好氧堆肥中,合适的有机质含量为20%～80%。有机质含量过高或过低都不能使堆肥顺利进行。

③ 含水量。堆肥时过多的水分会使堆肥通气不佳,产生厌氧状态;水分太少会使微生物活动减弱,堆肥温度难以上升。合适的含水量为40%～70%,最佳含水量为60%左右。

④ 温度。堆肥过程中,堆体的温度应控制在45～65℃,过高会抑制微生物的生长。堆肥过程可以通过调节通气量和翻堆控制温度,以免温度过高时过度消耗有机质。

⑤ pH。堆肥过程中,微生物的降解活动需要一个合适的酸碱度环境,一般pH为7～9。当pH低于6时,会减弱微生物的呼吸作用,延长堆肥时间;pH过高会导致氮元素流失;调节pH至6.5左右,有利于微生物活动和氮元素的保存。

⑥ 通风。空气中有大量的氧元素,是堆肥成功的关键因素之一。堆肥的需氧量与堆肥的材料中有机物含量关系密切,堆肥材料中有机碳越多,其耗氧量越大。堆肥过程中合适的氧含量为18%左右,最低为8%,低于8%时将限制好氧堆中的微生物活动,容易产生恶臭气味。

⑦ 填充剂。作为碳源,填充剂必须是生化性质较好的物质,如稻草、秸秆、木屑或稻壳。用稻秆与鸡粪(1∶1.5)堆肥,堆肥效果较好。油菜秸秆、废弃烤烟茎秆都可用于鸡粪堆肥中,堆肥时间以30天左右为宜。

填充剂的形状对堆肥的效果也有影响。如果用稻草或麦秆为填充剂,一般切碎至3～5厘米。

⑧ 发酵剂(菌种)。发酵剂可以加快生物处理的速度、提高堆肥质量。加入酵菌素、EM菌或在原始材料中加入10%～20%含有大量菌种的堆肥,均能加快发酵速度。

(5) 罐体发酵。

罐体发酵的优点是操作简单,鸡粪和发酵基质混合,倒入发酵罐,微生物发酵15天,就可以出料;肥料水分低,含水量约20%,能长期保存;节省劳动力;同时,不需要加热,利用微生物发酵产热维持罐体温度,节省燃料。缺点是设备价格高,一次性投资大,每天处理3～5

吨鸡粪的设备价格为70万～80万元(图7-4)。

图7-4 机械化发酵

3. 鸡粪有机肥的功效

鸡粪有机肥具有改善土壤、提高肥力、清理毒素的功效，可减轻农药、化肥中有毒、有害物质对土壤的污染；有益微生物在土壤中大量繁殖，可增加土壤中有机氮含量，促进磷、钾在土壤中的活性和有效性，发挥其固氮、解磷、解钾作用，提高肥料利用率。有益微生物大量繁殖能抑制土壤中有害病菌的生长和传播，提高作物的抗病能力，增强作物抗寒、抗冻和抗衰老的能力；能综合调节作物的生理机能，平衡和刺激生殖生长及营养生长；使作物根系发达，保花、保果，增加坐果率，提高收成和土壤可持续高产的能力等。

参考文献

[1]浙江省畜牧兽医局.浙江省畜禽遗传资源志[M].杭州:浙江科学技术出版社,2016.

[2]全国畜牧业标准化技术委员会.畜牧业国家标准汇编[S].北京:中国标准出版社,2014.

[3]陈国宏,王克华,王金玉,等.中国畜禽遗传资源[M].上海:上海科学技术出版社,2004.

[4]郑丕留.中国家禽品种志[M].上海:上海科学技术出版社,1989.

[5]郑卫兵,陈旭平.仙居鸡遗传资源的保护与开发[J].中国家禽,2008,30(15):51-52.

[6]朱小珞,陈旭平.仙居鸡的保种及产业化现状调查[J].浙江畜牧兽医,2005,30(1):14-15.

[7]包文斌,周群兰,吴信生,等.藏鸡和萧山鸡体尺及屠宰性能的比较分析[J].中国家禽,2005,27(7):17-19.

[8]徐琪,谢恺舟,谢芳,等.萧山鸡血浆胆固醇含量及其与生产性能相关性分析[J].畜禽业,2003(2):6-7.

[9]周华贵.江山白羽乌骨鸡产业的发展现状调查[J].浙江畜牧兽医,2006,31(6):17-18.

[10]王得前,陈国宏,吴信生,等.仙居鸡的体尺测量及屠宰性能测定[J].浙江畜牧兽医,2004,29(3):1-3.

[11]王初昌,夏周武,汪建凤,等.梅岭黄Ⅱ系土鸡的科学养殖技术[J].浙江畜牧兽医,2007,32(5):25-27.

[12]李国强,李虎,张莹,等.宁海土鸡商用组合1号母系的选育[J].宁波农业科技,2007(3):13-14.

[13]李国强,陈稀杭,刘国友,等.宁海土鸡商用组合Ⅱ号母系的选育研究[J].中国畜禽种业,2007,3(4):31-33.

[14]李虎,毕学群,林金杏.不同的饲养模式对宁海土鸡生产性能的影响[J].畜牧与饲料科学,2009,30(5):82.

[15]安立龙.家畜环境卫生学[M].北京:高等教育出版社,2004.

[16]李震中.畜牧场生产工艺与畜舍设计[M].北京:中国农业出版社,2000.

[17]刘继军.畜牧场规划设计[M].北京:中国农业出版社,2008.

[18]黄涛.畜牧机械[M].北京:中国农业出版社,2008.

[19]蒋恩臣.畜牧业机械化:第三版[M].北京:中国农业出版社,2005.

[20]周永亮,王学君,王晓佩,等.现代化牧场规划设计问题与建议[J].当代畜牧,2014(5):43-44.

[21]NY/T 682—2003 畜禽场场区设计技术规范[S].

[22]徐海东. 如何规划健康卫生的畜牧场[J]. 现代畜牧科技,2017(11):146 - 147.

[23]豆卫. 禽类生产[M]. 北京:中国农业出版社,2001.

[24]杨宁. 家禽生产学[M]. 北京:中国农业出版社,2002.

[25]李铁麒,许金新. 如何获得高质量的雏鸡[J]. 中国家禽,2004,26(1):41 - 42.

[26]罗吉初,周伟. 商品肉鸡的育雏准备与饲养管理[J]. 浙江畜牧兽医,2010,35(6):39.

[27]庄丽娜. 做好肉鸡育雏准备工作[J]. 家禽科学,2014(2):20 - 21.

[28]崔光夏,蔡淑兰,蔡万国. 肉仔鸡鸡舍温度和湿度的控制[J]. 山东家禽,2003(4):26.

[29]雷明德. 温度湿度对育雏的影响[J]. 中国畜牧兽医文摘,2016,32(5):73 - 74.

[30]毕学群,李虎,姜俊保,等. 雏鸡的饲养管理技术[J]. 畜牧与饲料科学,2015,36(12):116 - 117.

[31]薛荣,侯立伟,于英婷. 肉鸡雏饲养管理的要点[J]. 现代畜牧科技,2013(9):12.

[32]郭兰芳,张学礼,张玉荣. 雏鸡的科学管理和提高育雏成活率的技术措施[J]. 畜牧与饲料科学,2010,31(8):137 - 138.

[33]陈合强,王宏胜,杨创造,等. AA⁺肉种鸡育成期管理要点[J]. 家禽科学,2011(3):15 - 20.

[34]林利斌,陈俊敏. 果林散养肉用土鸡饲养管理技术[J]. 畜禽业,2010(2):48 - 49.

[35]姜小伟,綦世强. 优质土鸡的饲养管理[J]. 山东畜牧兽医,2010,31(4):82.

[36] DEEP A,RAGINSKI C,SCHWEAN - LARDNER K,et al. Minimum light intensity threshold to prevent negative effects on broiler production and welfare[J]. British Poultry Science,2013,54(6):686 - 694.

[37] LEWIS P D,MORRIS T R. Responses of domestic poultry to various light sources [J]. Worlds Poultry Science Journal,1998,54(1):7 - 25.

[38] KIM C N,LEE S R,LEE S J. Effects of light color on energy expenditure and behavior in broiler Chickens[J]. Asian - Australasian Journal of Animal Sciences,2014,27(7):1044 - 1049.

[39]QUINTEIRO-FILHO W M,RIBEIRO A,FERRAZ-DE-PAULA V,et al. Heat stress impairs performance parameters,induces intestinal injury, and decreases macrophage activity in broiler chickens[J]. Poultry Science,2010,89(9):1905 - 1914.

[40]范京辉,郎新杭,钟华山,等. 高纤维日粮对梅岭黄鸡生产性能和胴体品质的影响[J]. 畜牧与兽医,2009,41(11):39 - 42.

[41]陈希杭,汪以真. 宁海土鸡适宜日粮能量和粗蛋白质水平的研究[J]. 上海畜牧兽医通讯,2010(4):2 - 4.

[42]张军,卢立志,吕佳,等. 鸡 CACNA1S 基因 SNPs 及其与部分屠体性状的关联性研究

[J]. 黑龙江畜牧兽医,2012(1):49 - 51.

[43]范京辉,楼立峰,李庆海. 日粮营养水平对优质型母鸡生长性能及胴体品质的影响[J]. 浙江农业科学,2013,1(3):345 - 348.

[44]顾敏清. 肉鸡饲料成本和经济效益评估[J]. 中国禽业导刊,2008,25(4):10 - 11.

[45]李娟娟,佟建明,董晓芳,等. 不同饱和度油脂 AA 肉鸡生长性能和腹脂沉积的影响[J]. 中国家禽,2008,30(1):9 - 11.

[46]刘艳芬,黄银姬,黄晓亮. 日粮蛋白质水平对 0～3 周龄肉鸡生产性能和免疫机能的影响[J]. 饲料工业,2005,26(15):11 - 14.

[47]田玉民,何丽涛,贾丽红. 夏季肉鸡饲料中添加油脂的注意事项[J]. 中国禽业导刊,2005(12):34 - 35.

[48]张艳云,陆克文. 饲料添加剂[M]. 北京:中国农业出版社,1998.

[49]LEMME A, WIJTTEN P J, VAN W J, et al. Responses of male growing broilers to increasing levels of balanced protein offered as coarse mash or pellets of varying quality [J]. Poultry Science, 2006, 85(4): 721 - 730.

[50]AMERAH A M, RAVINDRAN V, LENTLE R G, et al. Influence of feed particle size and feed form on the performance, energy utilization, digestive tract development, and digesta parameters of broiler starters[J]. Poultry Science, 2007, 86(12): 2615 - 2623.

[51]SALEH E A, WATKIN S E, WALDROUP A L, et al. Effects of dietary nutrient density on performance and carcass quality of male broilers grown for further processing [J]. International Journal of Poultry Science, 2004, 3(1): 1 - 10.

[52]MIRGHELENJ S A, GOLIAN A. Effects of feed form on development of digestive tract, performance and carcass traits of broiler chickens[J]. Asian Journal of Animal and Veterinary Advances, 2012, 8(10): 1911 - 1915.

[53]顾招兵,杨飞云,林保忠,等. 农场动物福利现状及对策[J]. 中国农学通报,2011(3):251 - 256.

[54]孙忠超,贾幼陵. 疼痛应激对畜禽的影响及对策[J]. 中国动物检疫,2013,30(5):78 - 81.

[55]孙忠超. 我国农场动物福利评价研究[D]. 呼和浩特:内蒙古农业大学,2013.

[56]赵英杰,贾竞波. 中国动物福利支付意愿及影响因素分析[J]. 东北林业大学学报,2009(6):48 - 50.

[57]BATESON P. Do animals suffer like us the assessment of animal welfare[J]. The Veterinary Journal, 2004, 168(2): 110 - 111.

[58]BOKKERS E A M, KOENE P. Motivation and ability to walk for a food reward in fast- and slow- growing broilers to 12 weeks of age[J]. Behavioural Processes, 2004

(67):121－130.

[59]BROOM D M. Indicators of poor welfare[J]. British Veterinary Journal, 1986,142(6):524－526.

[60]BROOM D M. Animal welfare: concepts and measurement[J]. Journal of Animal Science,1991,69(10):4167－4175.

[61]BROOM D M,JOHNSON K G. Stress and Animal Welfare[J]. Animal Welfare,1993,2(3):195－218.

[62]HEMSWORTH P H,GOLEMAN G J. Human-Livestock interaction,the stockperson and the productivity and welfare of intensively,farmed animal[J]. Journal of Equine Veterinary Science,1999,19(5):314.

[63]DAWKINS M. From an animal's point of view:motivation,fitness,and animal welfare[J]. Behavioural and Brain Science,1990,13(1):1－16.

[64]ESTEVEZ I. Density allowances for broilers: where to set the limits[J]. Poultry Science,2007,86(6):1265－1272.

[65]FRASER D,BROOM D B. Farm Animal Behavior and Welfare[M]. Oxon: CAB International,UK,1990.

[66]GUO Z,SONG G,JIAO C,et al. The effect of group size and stocking density on the welfare and performance of hens housed in furnished cages during summer[J]. Animal Welfare,2012(21):41－49.

[67]JIAO H C,JIANG Y B,SONG Z G,et al. Effect of perch type and stocking density on the behaviour and growth of broilers[J]. Animal Production Science,2013,54(7):930－941.

[68]LAWRENCE A B. Applied animal behaviour science: Past, present and future prospects[J]. Applied Animal Behaviour Science,2008,115(1):1－24.

[69]RUSHEN J. Problems associated with the interpretation of physiological data in the assessment ofanimal welfare[J]. Applied Animal Behaviour Science,1991,28(4):381－386.

[70]林海,杨军香. 家禽养殖福利评价技术[M]. 北京:中国农业科学技术出版社,2014.

[71]傅先强,崔文才. 养鸡场鸡病防治技术[M]. 北京:金盾出版社,1990.

[72]甘孟侯. 中国禽病学[M]. 北京:中国农业出版社,1999.

[73]刘泽文. 实用禽病诊疗新技术[M]. 北京:中国农业出版社,2006.

[74]马兴树. 禽传染病实验诊断技术[M]. 北京:化学工业出版社,2006.

[75]全国畜牧总站. 肉鸡标准化养殖技术图册[M]. 北京:中国农业科学技术出版社,2012.

[76]SATTY T L. The analytic hierarchy process[M]. New York:Mccraw-Hill, 1980.

[77]SUN Z,YAN L,YUAN L,et al. Stocking density affects the growth performance of broilers in a sex-dependent fashion[J]. Poultry Science,2011(90):1406－1415.

[78]TANNENBAUM J. Ethics and animal welfare:The inextricable connection[J]. Journal of the America Veterinary Medical Association,1991,198(8):1360－1376.

[79]VELDE H T,AARTS N,WOERKUM C. Dealing with ambivalence: farmers' and consumers' perceptions of animal welfare in livestock breeding[J]. Journal of Agricural Environment Ethics,2002,15(2):203－219.

[80]TSIGOS C,CHROUSOS G P. Hypothalamic-pituitary-adrenal axis, neuroendocrine-factors and stress[J]. Journal of Psychosomatic Research,2002,53(4):865－871.

[81]VANHONACKER F, VERBEKE W, POUCKE E, et al. Do citizens and farmers interpret the concept of farm animal welfare differently[J]. Livestock Science,2008, 116(1):126－136.

[82]WANG X,LI J Y,Song Q Q,et al. Corticosterone regulation of ovarian follicular developmentis dependent on the energy status of laying hens[J]. The Journal of Lipid Research,2013(54):1860－1876.

[83]ZHAO J P,JIAO H C,JIANG Y B,et al. Cool perch availability improves the performance and welfare status of broiler chickens hot weather[J]. Poultry Science, 2012,91(8):1775－1784.

[84]刘云国. 养殖畜禽动物福利解读[M]. 北京:金盾出版社,2010.

[85]瞿明鲁. WTO 框架下的动物福利堡垒法律问题研究[D]. 哈尔滨:东北林业大学,2010.

[86]BOWLES D,PASKIN R, GUTIÉRREZM,et al. Animal welfare and developing countries:opportunities for trade in high－welfare products from developing countries[J]. Revue Scientifique et Technique,2005,24(2):783－790.

[87]王金环. 动物福利堡垒对我国出口贸易的影响研究[D]. 保定:河北大学,2011.

[88]孙作为,吕明斌,燕磊,等. 饲养密度和饲粮赖氨酸水平对公母分饲肉鸡生长性能、胴体组成和健康状态的影响[J]. 动物营养学报,2011,23(4):578－588.

[89]ZHANG Z Y,JIA G Q,ZUO J J,et al. Effects of constant and cyclic heat stress on muscle metabolism and meat quality of broiler breast fillet and thigh meat[J]. Poultry Science,2012,91(11):2931－2937.

[90]ATTOU S,ATTOU G S,BOUDEROUA K. Effects of early and chronic exposure to high temperatures on growth performance,carcass parameters and fatty acids of subcutaneous lipid of broilers[J]. African Journal of Biotechnology,2011,10(57):12339－12347.

[91]ZHANG L, ZHANG H J, QIAO X, et al. Effect of monochromatic light stimuli during embryogenesis on muscular growth, chemical composition, and meat quality of breast muscle in male broilers[J]. Poultry Science, 2012, 91(4): 1026 - 1031.

[92]KE Y Y, LIU W J, WANG Z X, et al. Effects of monochromatic light on quality properties and antioxidation of meat in broilers[J]. Poultry Science, 2011, 90(11): 2632 - 2637.

[93]CENGIZ O, HESS J B, BILGILI S F. Effect of bedding type and transient wetness on footpad dermatitis in broiler chickens[J]. Journal of Applied Poultry Research, 2011, 20(4): 554 - 560.

[94]NAWALANY G, BIEDA W, RADOŃ J. Effect of floor heating and cooling of bedding on thermal conditions in the living area of broiler chickens[J]. Archiv Fur Geflugelkunde, 2010, 74(2): 98 - 101.

[95]SIMSEK U G, DALKILIC B, CIFTCI M, et al. Effects of enriched housing design on broiler performance, welfare, chicken meat composition and serum cholesterol[J]. Acta Veterinaria Brno, 2009, 78(1): 67 - 74.

[96]SIMSEK U G, CERCI I H, DALKILIC B, et al. Impact of stocking density and feeding regimen on broilers: Chicken meat composition, fatty acids, and serum cholesterol levels[J]. Journal of Applied Poultry Research, 2009, 18(3): 514 - 520.

[97]王佳伟，黄艳群，陈文，等. 限饲对肉仔鸡生产性能及部分血清生化指标的影响[J]. 扬州大学学报(农业与生命科学版)，2009，30(04)：30 - 34.